KB178436

탈무드 교육의 힘

스스로 생각하고
질문하는 아이로 키워라

포르체

차례

◇

스스로 생각하고 질문하는 아이로 키우는 탈무드 교육의 힘

누군가 임종을 앞둔 아인슈타인에게 물었다.

"다시 살 수 있다면 무엇을 하시겠습니까?"

아인슈타인이 망설임 없이 대답했다.

"탈무드를 연구하겠습니다."

어느 강연장에서 창의력 교육의 대가가 말했다. "자녀 교육을 위해 '탈무드' 읽기를 권합니다. 그곳에 자녀 교육에 관한 모든 것이 담겨 있어요. 부모와 자녀가 함께 읽으면 더 좋아요."

유명 인사들뿐만 아니라 각계각층의 많은 전문가들이 왜 이토록 '탈무드'를 손꼽는 걸까?

우리 가족은 큰아이가 일곱 살, 작은아이가 세 살이던 무렵 가족 독서를 시작하여 큰아이가 고등학생이 되고, 작은아이가 초등학교

6학년이 된 현재까지 '가족 독서'를 이어오고 있다. 또한 여러 도서관과 학교에서도 다른 가족들과 함께 가족 독서의 경험을 나누고 있다. 우리 가족이 함께 책을 읽고 그로부터 성장한 경험을 이야기하고, 또 다른 가족들의 이야기를 들을 때면 가족 독서가 자녀 교육에 좋은 영향을 끼치는 것 이상의 가치가 있음을 느끼게 된다.

가족 독서를 시작하고 10년째 되던 해, 우리 가족은 기존 독서에서 한 걸음 나아가 '탈무드 읽기'에 도전했다. 탈무드(Talmud)는 히브리어로 '위대한 배움'이라는 의미로 유대교 경전이다. 모세가 창조주에게 받은 율법을 글로 적은 것이 '토라(모세5경)'이고, 이를 다시 시대에 맞춰 해석하고 논쟁한 기록을 덧붙인 것이 '탈무드'다. 유대인들은 현재도 계속 탈무드를 연구하고 논쟁하고 있으며 주석을 덧붙이고 있다. 그에 비하면 우리가 보통 알고 있는 우화 중심의 한 권짜리 탈무드는 새 발의 피나 다름없다. 《탈무드》는 300쪽 분량의 책 140권에 이를 정도로 방대한데, 히브리어-영문 대역판만 해도 무려 72권이다(원전에 충실한 한국어 번역본은 없는 실정이다). 즉 한 권짜리 탈무드 우화집을 읽고서 탈무드를 제대로 읽었다고 할 수는 없을 것이다.

히브리어 원전을 모두 읽을 수 없었기에, 우리 가족은 히브리어-영문 대역판과 영문판 해설서를 읽었다. 우리 부부가 함께 읽은 책은 H. 폴라노(H. Polano)의 《탈무드(The Talmud)》와 펭귄클래식(Penguin Classics)의 《탈무드: 셀렉션(The Talmud: A Selection)》이다. 이 두 권의 책을 읽고서, 이후 더 읽고 싶은 순서와 소논문을 관련 사이트(www.sefaria.org)에서 찾아 읽었다(《탈무드》를 읽으면서 궁금한 사항이 생기면 'www.jewishencyclopedia.com', 'www.myjewishlearning.com' 등의 사이트를 참조했다).

그리고 아내(김정은)가 탈무드 영문 대역판을 읽고 마음에 남는 구절을 정리했다. 남편(유형선)이 일을 마치고 돌아오면, 부부가 함께 그 구절에 대해 서로 이야기를 나누었다. 주말 가족 독서 시간에는 이런 인상 깊은 탈무드 구절을 소개하여 온 가족이 토론했다. 이 책에서 각 주제를 대표하는 도입 구절은 탈무드 영문 대역판을 번역하여 실었다. 탈무드 속 보석 같은 글귀 중에서 가족 구성원 모두가 좋아하는 구절만 가려 모았다.

10년이 넘는 시간 동안 온 가족이 책을 함께 읽었다고 하면, 사람들은 으레 놀랍다는 반응과 동시에 그간 읽은 책 중에 가장 좋은 책이 무엇이냐고 묻는다. 그럴 때면 우리 가족은 단연 《탈무드》를 꼽는다. 짧지 않은 시간 동안 실제로 탈무드를 읽어보니, 아인슈타인이 왜 탈무드를 연구하고 싶다고 했는지, 창의 교육의 권위자들이 왜 탈무드를 권했는지 알 수 있었다. 특히 '자녀 교육'에 관해서 탈무드는 그 빛을 발한다. 곁에 두고 조언을 구하고 싶을 때마다 보면 큰 도움이 된다.

탈무드를 읽으면서 알게 된 것들

탈무드는 가족이 함께 시간을 보내는 것의 의미가 무엇인지, 어떻게 시간을 보내야 하는지 세세하게 알려준다. 부모와 자녀가 좋은 문장을 함께 읽는 것이 어떤 의미가 있는지, 어떤 문장을 어떻게 읽고 나누어야 하는지 구체적인 방법을 알려준다. 가정 안에서 부모와 자녀 사이에 권위와 서열을 깨고 토론하는 것이 얼마나 집안 분위기를 수평적으로 바꿀 수 있는지 탈무드는 여러 사례를 들어 보여준다.

이를테면 공부란 무엇이며, 왜 공부해야 하는지, 무엇을 어떻게 공부해야 하는지, 공부와 일이 어떻게 연결되어야 하는지에 대해 수많은 랍비들의 말과 인상 깊은 일화를 통해 들려준다. 탈무드에는 그야말로 현인이라고 칭할 수 있을 만큼 지혜로운 스승들이 가득하다. 좋은 스승을 만나기 어려운 시대에 우리가 탈무드를 읽어야 하는 이유다. 탈무드는 스승을 알아보는 눈과 스승과 관계 맺는 법에 대해 여러 랍비들 사이의 관계를 예로 들어 알려준다.

또 자녀가 둘 이상일 경우 서로 비교하지 않고 어떻게 각자의 성장을 도모할 것인지 구체적으로 그 방법을 전해준다. 아이마다 다르게 질문하도록 하고 다르게 살아갈 수 있도록 부모가 먼저 다르게 이끄는 것이 창의 교육의 핵심이라고 알려준다.

그 외에 탈무드는 인간다움이란 무엇인지, 왜 자신의 성격을 파악해야 하는지, 다른 사람을 어떻게 대해야 하는지, 다양한 친구를 사귀고 우정을 가꿔나가는 방법에 대해서 자세히 알려준다. 환대와 겸손의 진정한 의미란 무엇이며, 학교와 사회에서 약자의 편에 서야 하는 이유에 대해서도 이야기한다. 진정한 성장이란 무엇인지, 왜 자녀를 아이가 아니라 어른으로 대해야 하는지, 자기 자신을 돌본다는 것이 어떤 의미인지도 알려준다. 자신에게 주어진 시간적, 경제적 자원을 어떻게 사용해야 하는지 현실적인 안목을 기를 수 있도록 도와준다. 자녀를 함께 일하고 싶은 사람으로 성장시키기 위해 어떻게 해야 하는지, 삶에서 겪을 수 있는 고난과 역경을 어떻게 마주해야 하는지 등등 탈무드는 무수한 사례를 통해 조언해준다.

온 가족이 탈무드를 함께 읽고 느낀 바를 '가정 교육(1장), 인성 교육(2장), 창의 교육(3장), 경제 교육(4장)'을 중심으로 정리하여, 이 책에 상세하게 담았다. 탈무드를 처음 접하는 사람들이 이 책을 읽고 대화를 나눔으로써 타인을 좀 더 이해하고 공감하는 데 도움이 되었으면 하는 바람이다.

다시 시작하고 다시 기뻐하고 싶은 가족들에게

탈무드 이야기를 꺼내지 않았음에도 때로 강연장에서 가족이 탈무드 공부를 하느냐는 질문을 받곤 한다. 우리 가족의 대화가 탈무드 속 랍비들의 모습 같다는 말도 들었다. 부부가 함께 유대인의 전통적인 토론 방법인 '하브루타'를 하느냐는 질문을 받기도 한다. 솔직히 고백하자면, 우리 부부는 탈무드 속 지혜로운 랍비들의 모습을 본받고자 그들의 생각과 행동을 따라 배우고 있다.

그 과정에서 부부가 조금씩 나아지는 모습을 발견하면서 서로를 더욱 존중하게 되었다. 그렇게 엄마 아빠가 달라지니까 아이들도 달라졌다.

매일 탈무드를 읽다 보니, 매일 좋은 일이 생긴다. 경전을 읽거나 명상이나 기도를 하는 사람이라면 이 말의 의미를 알 것이다. 탈무드를 비롯하여 성경이나 불경 같은 경전을 꾸준히 읽으면, 마음이 고요해지고 생명의 본질을 천천히 들여다볼 힘이 생긴다. 마음을 다스리고 일상을 되돌아보는 데 도움이 된다. 탈무드를 읽는다는 것은 경전을 읽고 명상과 기도를 하는 행위와 같아서, 매일 탈무드를 읽으면 어제의 마음을 비우고 오늘 새로운 마음이 되는 경험을 할 수 있다. 우리 부부의 경우 자녀를 대하는 태도 역시 바뀌었다. 매일 자녀를 새로운 시선으로 바라볼 수 있게 되었다. 탈무드라는 거대한 지혜의 보고 앞에서 부모와 자녀 사이에 부모가 가진 권위를 내려놓고 어린 자녀를 부모의 소유물이 아닌 독립적인 존재로 대할 수 있게 되었다.

우리 가족은 맞벌이하느라 아이들이 어렸을 적 가족이 뿔뿔이 흩어져 살았던 때가 있었다. 자녀 교육에서 가장 중요한 시기라고 하는 영유아기에 보호자로서 아무것도 해주지 못했던 것이 마음에 남아, 우리 가족이 함께 살면서부터는 두 아이에게 많은 것들을 해주려고 노력했다. 그림책 읽어주기부터 '엄마표·아빠표 ○○교육' 등 많은 시도를 해보았다. 아무것도 안 했던 것을 너무 많이 하는 것으로 메우기 위해 애쓰느라 우리 부부는 점점 소진되어갔다. 그러던 중 만난 탈무드는 양육자로서 우리 부부가 다시 중심을 잡을 수 있도록 도와주었다. 탈무드를 읽으면서 제아무리 좋은 교육이라도 수직적인 훈육은 장기적으로 자녀에게 독이 될 수 있다는 것도 깨달았다. 이에 우리 부부는 가족 독서를 제외하고는 일체의 엄마표·아빠표 ○○교육을 중단했다. 그렇게 시간적 여유가 생기자 아이들은 각자 나름대로 자신만의 삶의 방식을 찾아나가며 그들만의 방식으로 배우고 있다. 실수와 실패의 경험을 통해 더 많이 배운다는 것을 이제는 알기에 우리 부부는 "괜찮아, 경험해 봐!"라고 말할 뿐이다. 탈무드 덕분에 아이들을 있는 그대로 믿고 기다리는 마음의 여유가 생겼다.

탈무드에는 가정 안에서 이루어지는 일화들이 가득하다. 기원후(AD) 70년에 성전(聖殿)이 무너진 후, 무려 2000년 가까이 자기 나라에서 쫓겨나 세계 각지에서 온갖 박해를 받으며 이주를 반복한 유대 민족은 국가라는 거대한 공동체가 해체되고 모든 것을 잃어버렸다. 하지만 유대인 각 가정에서 그들의 경전인 탈무드를 읽고 공부하는 것을 지속했기에 그들의 삶을 다시 시작할 수 있었다.

이처럼 탈무드는 어려움을 겪고 다시 시작하는 가족에게 더욱 큰 도움이 된다. 아이를 낳기만 했지 해준 것이 아무것도 없어서 무엇을 어디서, 어떻게 시작해야 할지 모르는 부모에게, 좋다는 것은 무엇이든 다 해주었지만 내 자녀와 맞지 않아 오히려 부모와 자녀 사이만 나빠져서 체념하는 부모에게, 본의 아니게 자녀에게 상처만 주었다고 자책하는 부모에게 이 책을 권한다. 가족 간에 관계를 개선하기 위해 처음부터 다시 시작하고 싶은 마음이 있는 가정이라면, 바로 지금 온 가족이 탈무드를 읽을 시간이다.

탈무드에서 배우는 부모 수업

우리나라에서 자녀를 기르는 부모라면 누구나 대한민국 교육제도가 변화하기를 바랄 것이다. 성적 지상주의, 조기교육 및 선행(先行) 교육, 주입식 교육, 과도한 사교육 등 지금 이 순간에도 미래를 살아갈 아이들에게 과거 부모 세대의 교육 방식을 그대로 답습하는 실정이다. 하지만 이런 교육 방식은 자녀에게 나은 내일을 보장하기는커녕 학년이 올라갈수록 부모와 자녀 모두에게 불안감과 피로함만 안겨준다. 대한민국 교육의 실태를 모두가 좀 더 적극적으로 마주할 필요가 있다.

이 책은 탈무드에 녹아 있는 유대인 교육법에 비추어 가정이라는 영역에서 우리가 실천할 수 있는 대안을 주제별로 분류하여 설명했다. 이 책을 집필하는 데 기준이 된 큰 원칙을 정리하면 다음과 같다.

첫째, '빨리빨리'가 아니라 '천천히'를 추구한다. 탈무드는 인내를 강조한다. 이스라엘에서는 히브리어로 '레아트'와 '싸블라누트'를 자주 언급하는데, 레아트(l'at)는 '천천히'라는 뜻이고, 싸블라누트(savlanút)는 '인내심'이라는 뜻이다. 특히 자녀와 부모 사이에 인내만큼 빛나는 가치는 없는 듯하다. 부모가 자녀를 기다려주면 자녀는 스스로 성장하고 마침내 변화하기 때문이다.

둘째, 실수와 실패는 또 다른 시작을 위한 기회다. 우리 사회는 성과와 성공을 강조하는 반면, 유대 사회는 실패에 관대하다. 탈무드에는 실수와 실패의 경험을 값진 배움으로 연결시키는 유대인들의 지혜가 담겨 있다. 배움이란 결과가 아니라 과정에서 얻을 수 있는 것이기에, 최선을 다하여 노력했다면 그것으로 성공한 것이라고 전한다.

셋째, 선행(先行) 교육이 아니라 선행(善行) 교육을 강조한다. 우리나라는 착한 행실을 의미하는 선행(善行)보다 어떠한 것보다 앞서 나가는 선행(先行)을 중시한다. 반면, 유대인 사회에서는 선행(先行) 교육을 금지하며 선행(善行) 교육에 힘쓴다. 그리고 공부의 궁극적인 목적은 선행(善行)을 하기 위한 것이라고 여긴다. 탈무드는 이상적인 담론이 아니라 일상에서 어떻게 선행(善行)해야 하는지 생생한 일화를 들어 구체적인 지침을 알려준다.

그 외에도 우리가 살아가는 데 인생 지침으로 삼을 수 있는 삶의 지혜가 곳곳에 수록되어 있다. 이 책의 지면에 그 내용들을 아낌없이 담았다. 예전에 우리 부부는 무의식적으로 '빨리빨리'를 내뱉곤 했는데, 이제는 의식적으로 '천천히'라고 말한다. 그리고 아이들이 실수했을 때 야단을 치지 않고 유대인 부모처럼 "축하해!"라고 말해준다. 또 탈무드를 읽으면서 우리 가족 모두가 크게 달라진 점이 있다면 매일 선행에 대해 생각하고 행동하게 되었다는 것이다.

이처럼 빨리빨리를 '천천히'로 바꾸고, 실수와 실패를 환영하는 분위기를 만들고, 공부하는 이유가 선행을 하기 위함이라는 목적을 세우자, 무엇보다 아이들이 매우 좋아하고 긍정적인 태도로 일상을 마주하게 되었다. 단기간에 국가의 교육제도를 바꾸기는 어려워도, 각 가정에서 노력하면 우리 집 문화는 바꿀 수 있다. 작은 변화가 모여서 큰 변화를 이뤄내듯, 한 집 두 집의 변화가 모이면 사회 전체가 변화할 수 있을 것이라고 믿는다.

큰아이가 말했다. "엄마 아빠가 부드러워졌어요."

작은아이가 말했다. "엄마 아빠가 너그러워졌어요."

우리 가족은 탈무드를 읽기 전과 탈무드를 읽고 난 후가 완전히 다르다고 말할 수 있을 만큼 서로가 긍정적인 변화를 경험했다. 아이들은 탈무드를 읽으면서 달라진 우리 집이 훨씬 더 좋다고 이야기한다. 10년이 넘도록 수많은 책을 함께 읽었지만, 아이들 역시 가족이 함께 읽기에 가장 좋은 책을 물어보면 《탈무드》를 꼽는다. 탈무드를 읽으며 변화의 여정을 함께해준 두 아이에게 사랑과 감사를 전한다.

또한 우리 부부에게 탈무드와 관련된 집필과 기획을 제안해준 포르체 박영미 대표에게 각별한 고마움을 전한다. 박영미 대표가 아니었다면, 감히 탈무드의 바다에 덤벼들 마음조차 먹지 못했을 것이다. 그리고 무엇보다 탈무드를 읽으면서 조금씩 성장하고 있는 우리 가족의 이 소중한 경험이 이 책을 통해 다른 많은 가족들에게 전해지면 좋겠다. 이 책이 그들의 삶에 작은 용기와 따뜻한 위로로 가닿기를 바란다.

2021년 봄을 기다리며

김정은·유형선

1장

나를 지켜내는 마음 수업

삶의 기본기를 키우는 탈무드 육아법

❖

'가훈'의 사전적 의미는 "한집안의 조상이나 어른이 자손들에게 일러주는 가르침으로, 한집안의 전통적 도덕관으로 삼기도 한다." 라고 풀이된다. 달리 말하면, 가훈이란 부모로부터 자녀에게로 전해지는 '삶의 가치와 태도'라고 할 수 있다. 과거 우리나라 가정에서는 가훈을 중요시했다. 신학기가 되어 학교에서 호구조사를 할 때면 각 가정의 가훈을 조사했다. 우리 집 가훈은 '성실'이었는데, 그렇다 보니 막연하게나마 '성실한 사람이 되어야지.'라고 늘 생각했다. 이처럼 부모가 자녀에게 전하는 메시지에는 힘이 있다. 자녀의 삶에 큰 영향을 미친다.

유대인 가정에서는 안식일 오후에 탈무드의 아보트* 구절이 포

* 아보트(Avot)는 탈무드의 네 번째 순서인 '네지킨(Nezikin)'의 아홉 번째 소논문이다. 유대교 율법학자인 랍비들의 가르침이 간결한 형식으로 쓰인 아포리즘 모음집이어서, 탈무드를 처음 접하는 사람이 읽기에 적합하다. 아보트는 'Pirkei Avot(Chapters of the Fathers)'를 말하는데, 일반적으로 '아버지의 지혜' 또는 '아버지의 윤리'로 번역된다.

함된 기도문을 읽는다. 이 기도문을 함께 읽으며 매주 삶을 대하는 태도를 되돌아보는 시간을 갖는다. 수천 년 동안 전승된 선조들의 지혜와 윤리가 아보트 구절을 통해 부모에게서 자녀로 전수되는 것이다. 아보트에는 시대를 초월하여 일상에 적용할 수 있는 경구들이 수록되어 있어서 부모와 자녀가 함께 읽고 대화하기에 좋다. 예를 들어 다음의 구절은 '나'를 위하는 태도에서 '공동체'를 위하는 태도로 변화하는 자아의 확장과, 지금 당장 행동에 옮기는 태도가 중요하다는 것을 강조한다.

> 내가 나 자신을 위하지 않는다면, 누가 나를 위하겠는가?
>
> 그러나 내가 나 자신만을 위한다면, 나란 존재는 무엇이란 말인가?
>
> 그리고 지금 하지 않는다면, 언제 한다는 말인가?
>
> –아보트 1:14

'성실'이라는 가훈 덕분에 나는 성실한 사람이 되려고 노력했지만, 무엇을 위해 성실해야 하는지는 잘 알지 못했다. 즉 부모가 자녀에게 주는 메시지는 이러한 덕목처럼 추상적이어서는 의미가 전달되기 어렵다. 삶을 대하는 태도가 단어 하나로 표현되어서는 안 된다는 의미다. 지금 이 순간 가치를 묻게 하는 '질문'이거나, 삶에서 실행할 수 있는 '문장'의 형식이어야 한다. 현재에 적용하는 동시에 과거를 돌아보고 미래를 비추어볼 수 있는 메시지여야 한다.

삶의 가치와 태도를 정하는 가장 좋은 방법은 역시 부모와 자녀가 대화로써 함께 만드는 것이다. 온 가족이 이 같은 아보트 구절을 참고하여 대화를 나누며 가족의 삶의 기준을 정해보는 것이다. 아보트의 핵심 가치를 정리하면 '기도, 공부, 존중, 평화, 겸손, 공정, 인내, 선행, 자선, 조화' 등으로 나눌 수 있는데, 우선 이 카테고리별로 아보트의 경구들을 분류해보자. 온 가족이 삶의 지침으로 삼고 싶은 가치를 함께 고른 다음, 해당 카테고리의 경구에서 가훈으로 삼고 싶은 것을 선택하자. 그리고 그 경구들을 적절하게 아우를 수 있는 우리 가족만의 인생 문장으로 작성하면 된다.

우리 가족이 이런 방식을 거쳐 선택한 가치와 경구를 소개하면 다음과 같다.

1. 사람과 함께하자

- 사람이 선택해야 할 올바른 길은 무엇인가? 자신에게 명예로운 길이 무엇이든 다른 사람의 눈에도 명예로워야 한다.

–아보트 2:1

- 공동체로부터 자신을 분리하지 말라. 죽는 날까지 자신을 믿지

말라. 그가 되어보지 않고서 그를 판단하지 말라.

–아보트 2:4

2. 공부와 일의 조화를 이루자

• 토라(Torah: 유대교의 기본 경전이 되는 모세5경) 공부는 직업과 조화를 이루어야 한다. 직업과 조화를 이루지 못하는 토라 공부는 결국 쓸모가 없고 죄의 원인이 된다.

–아보트 2:2

3. 바로 지금 행동하자

• 지금이 아니면 언제? –아보트 1:14

• 공부보다 선행이 더 중요하다. –아보트 1:17

• '시간이 있을 때 공부하겠다'는 말은 하지 말라. –아보트 2:5

• 행동이 지혜를 능가하는 자의 지혜는 영원하지만, 지혜가 행동을 능가하는 자의 지혜는 오래가지 못한다. –아보트 3:9

위 내용을 바탕으로 우리 가족의 삶의 가치와 태도를 다음과 같이 좀 더 명확하게 정리했다.

삶의 가치

공동체, 조화, 행동

가치에 대한 태도

1. 공동체: 공동체로부터 자신을 분리하지 말라.

2. 조화: 나와 공동체를 위해 공부와 일에 조화를 이루어라.

3. 행동: 바로 지금 행동에 옮겨라.

우리 가족의 삶의 가치와 태도를 정했으면, 휴일에 온 가족이 모여 한 주 동안 이 가치들을 어떻게 실천에 옮겼으며, 그리하여 일상이 어떻게 달라졌는지 서로 이야기를 나누어보자. 이러한 과정이 쌓이면 삶의 지침이 일상 속에 자연스럽게 녹아들어 원하는 삶으로 향할 수 있게 될 것이다.

1.

아이에게 들려줄 삶의 문장을 만들자

정신적

유산에

대하여

한때 안토니누스 황제가 랍비 유다*에게 귀중한 다이아몬드를 보냈고, 그 대가로 우정의 징표를 요구했다. 랍비 유다는 황제에게 '메이즈자(Mezuzah: 모세5경의 마지막 책인 신명기의 몇 절을 기록한 양피지 조각)'를 보냈다.

황제가 말했다. "친구여, 내가 보낸 선물은 값어치가 풍성한데 반해, 그대가 보낸 선물은 값어치가 작군요."

랍비 유다가 말했다. "나의 선물과 당신의 선물에는 차이가 있습니다. 당신이 준 선물은 도둑맞지 않도록 지켜야 하는 것입니다. 그러나 내가 보낸 선물은 거기에 기록되어 있는 것처럼 당신을 지켜줄 것입니다. 당신이 걸을 때 길을 인도할 것이며, 당신이 쉴 때 당신을 보살필 것입니다."

–H. 폴라노, 《탈무드》, 214쪽 중에서 발췌

* 이 글에서 랍비 유다(Judah)는 '랍비 예후다 하나시(Yehuda Hanassi)'를 일컫는다. 그는 유대교의 구전 율법을 문서화한 미슈나(Mishnah)를 정리하여 탈무드가 발전하는 기초를 마련한 인물로 유명하다. 미슈나는 '반복하여 가르치는 구전'이란 뜻이다.

❖

랍비 유다는 유대인들이 '랍비'라고 하면 그를 가장 먼저 떠올릴 정도로 후세에 존경받는 인물이다. 기도만 하는 성자가 아니라 탁월한 정치적, 종교적 지도자이자 교육자로서 일생을 헌신했다. 랍비 유다가 출생하기 전, 유대인 거주 지역은 수십 년 동안 전쟁을 겪었다. 제1차 유대-로마 전쟁에서 예루살렘 성전(聖殿)이 함락되었고, 랍비 유다가 태어날 무렵에 제2차 유대-로마 전쟁이 발발하여 수십만 명이 사망했고 박해가 뒤따랐다. 그러나 랍비 유다가 최고 지도자 자리에 올랐을 무렵에는 안토니누스 황제의 통치하에 유대 민족과 로마와의 관계가 안정화되었다.

'다이아몬드'와 '메이즈자'로 대비되는 랍비 유다와 안토니누스 황제의 이 이야기는 우리에게 물질적 가치와 정신적 가치의 의미를 다시 한번 생각하게 한다.

부모로서 자녀에게 무엇을 주어야 할까?

❖

"부모는 돈만 있으면 돼요."

얼마 전에 진로·진학 상담 교사로부터 들은 말이다. 이 말인즉슨, 부모가 지닌 경제력으로 아낌없이 지원한다면 자녀에게 더 나은 교육 기회를 제공할 수 있다는 것이다. 자녀가 좋은 교육 환경에 노출되면 공부를 잘할 가능성이 높아지고, 그러면 좋은 성적을 받게 되니 좋은 대학에 진학하게 될 가능성 또한 높아진다는 뜻이다. 결과적으로 사회에서 자녀가 좋은 직업을 갖고 물질적으로 윤택하게 살아갈 수 있기에, 자녀 교육에서 부모의 경제력이 가장 중요한 요소라는 것이다.

물론 먹고살기 위해 경제적 능력은 매우 중요하다. 하지만 우리는 물질적 가치를 너무 강조하고 있는 것은 아닐까? 근래 중산층의 기준이 회자된 적이 있다. 그에 따르면 40평대 이상의 아파트와 3000cc 이상의 중형차, 월소득 약 600만 원(4인 가구 기준) 등을 보유하면 중산층 수준에 충족하는 것으로 보았다. 게다가 요즘은 부모가 가진 재산에 따라 '금수저'와 '흙수저'로 나누는 세태다. 이처럼 우리는 물질적으로 가진 것에 의해 계급이 매겨지는 냉혹한 현실에 살고 있다. 개천에서 용 나는 시절은 이미 지난 지 오래라고 자조하면서 말이다.

'금수저 흙수저' 논리는 빈익빈 부익부가 더욱 심해지는 사회경제적 현상을 반영한다. 부모가 자녀에게 경제 자원을 물려주어야 한다는 인식을 강화한다. 탈무드에는 우리 사회의 수저 계급론에 대비되는 '부자와 랍비 이야기'가 있는데 이를 간략히 소개하면 다음과 같다.

어느 부자와 가난한 랍비가 새로운 땅으로 이주하기 위해 모든 재산을 챙겨 배에 올라탔다. 그러나 이들은 해적의 습격을 받고 말았다. 이 사건으로 부자는 가진 재산을 모조리 빼앗겼다. 하지만 랍비는 잃은 것이 없었다. 그의 머릿속에 든 지혜만큼은 누구도 빼앗아갈 수 없었으니 말이다.

4차 산업혁명 시대, 인공지능 시대로 불리는 미래 사회는 과거는 물론이거니와 현재와도 비교할 수 없을 만큼 급격한 변화를 맞이할 것이다. 위 부자와 랍비 이야기처럼 직장, 직업, 집, 돈 등 지금 가진 것을 쉽게 잃을 수도 있음을 인정해야 한다.

그렇다면 부모로서 자녀에게 무엇을 주어야 할까? 랍비 유다가 안토니누스 황제에게 보낸 '메이즈자'에서 힌트를 구해보자. 메이즈자에는 모세(Moses)의 설교를 수록한 신명기의 구절이 기록되어 있다. 이 글들이 강조하는 내용은 백성이 하느님을 아버지라고 부르고, 백성이 서로를 형제자매로 부르며 모든 것을 골고루 나누고 서로를 섬기는 사회질서다. 기원후(AD) 70년, 성전이 무너진 후 유대 민족은 팔레스타인을 떠나 로마제국 내 여러 지역으로 뿔뿔이 흩어지게 되었다. 유대인은 1948년 이스라엘을 건국하기 전까지 약 2000년 동안 자기 나라에서 쫓겨나 세계 각지에서 온갖 박해를 받으며 이주를 반복했다. 유대인을 유랑의 민족이라 부르는 이유다. 고향에서 쫓겨나고 재산을 몰수당하며 언제라도 모든 것을 버리고 새로 시작해야 했던 유대인을 살게 한 것은 물질적 가치가 아니라 정신적 가치였다. 이들에게 살기 위해 필요한 것은 언제 잃어버릴지 모를 다이아몬드가 아니라 메이즈자로 대표되는 '인생의 지침'이었다.

유대인의 정신적 지도자들은 멈추지 않고 계속해서 유대 구전전승(口傳傳承: 구전을 통해 전승되어온 유대 민족의 가르침이나 지혜)들을 모아 편찬하는 작업에 공을 들였다. 그 첫 번째 결실이 '미슈나' 편집이다. 미슈나는 반복함으로써 배울 수 있는 구전 전통을 이르는 말로, 랍비 유다를 중심으로 저명한 랍비들이 다양하고 상세한 주석을 모은 저작이다. 수세기 동안 유대교 학자들은 미슈나를 연구하면서 이를 더욱 완전하게 만드는 주석인 '게마라(Gemara)'를 덧붙였다. 게마라는 유대교 율법인 할라카(Halachah)뿐만 아니라 유대인의 역사와 종교, 도덕에 관한 랍비들의 가르침과 구전문학인 하가다(Haggadah)를 포함한다. 할라카가 구전 가운데 법률적인 내용을 다룬다면, 하가다는 율법 이외에 지혜나 가르침을 담은 설화를 다룬다. 우리가 익히 알고 있는 탈무드는 이 미슈나와 게마라를 합친 것이다. 즉 탈무드란 유대 민족의 구전전승의 집대성이자 신앙을 위한 백과사전이라고 할 수 있다.

아이에게 정신적 · 정서적 가치를 물려주자

❖

현대의 유대인이 평생의 지침서로 자녀에게 강조하는 책 또한 탈무드다. 유대인은 다섯 살 때부터 모세5경(구약 성경의 창세기, 출애굽기, 레위기, 민수기, 신명기로 이루어졌다), 즉 토라를 읽는다. 열 살이 되면 미슈나를 읽기 시작하고, 열다섯 살부터 탈무드를 공부한다. 이때 자녀가 혼자서 읽는 것이 아니라 온 가족이 함께 읽고 대화를 나눈다. 부모가 자녀와 매일 저녁 토라와 탈무드를 읽는 시간을 함께함으로써 정신적인 가치를 전수하고 지혜를 구하는 법을 알려준다. 이것이 곧 유대인의 전통을 이어나가는 방식이다. 자녀가 어렸을 때만 이렇게 글을 읽는 것이 아니다. 일생에 걸쳐 토라와 탈무드를 반복해서 읽는다. 읽는 대로 받아들이는 수동적 읽기가 아니라 시대와 상황에 맞게 재해석하며 자신의 삶에 적용하는 '능동적 읽기'를 실천한다.

우리는 무엇을 읽어야 할까? 어떻게 정신적인 가치를 들려줄까? 안타깝게도 유대인의 토라와 탈무드처럼 우리 민족에게는 우리만의 각별한 텍스트가 없다. 먼 과거로 거슬러 올라가지 않아도 우리나라는 35년 동안 일제강점기(1910~1945년)를 겪었고, 한국전쟁(1950년) 이후 남북이 분단되는 아픈 역사를 갖고 있다. 이런 역사적 슬픔에도 유대인처럼 자신의 터전에서 쫓겨나 새로운 땅을 찾아 떠나야 하는 수모를 겪지는 않았다는 것은 다행스러운 일이다. 한반도라는 터전에서 우리의 전통과 문화를 누리고 보존하며 살아왔기에, 우리에게는 전통을 명시해놓고 전하는 텍스트가 유대인들만큼 절실하지는 않았던 것 같다.

그렇지만 관심을 갖고 찾아보면 우리에게도 좋은 텍스트가 많다. 도서관에 가면 좋은 책이 너무 많아서 어느 책을 읽어야 할지 고르기 어려울 정도다. 유대인의 격언 중에 '먼저 배우고 가르쳐라'라는 말이 있다. 자녀가 책을 읽기를 원한다면 부모가 먼저 책을 읽어야 한다. 일상에서 부모와 자녀가 함께 도서관 가기, 잠자리에서 자녀에게 책 읽어주기, 가족이 함께 읽은 책을 리스트로 작성하기 등을 시도해보자. 양치질이 습관이 되도록 자녀에게 지도하듯, 도서관에 가고 책을 읽는 습관을 만들어주자. 금수저 흙수저를 떠나, 자녀에게 책을 읽어주는 '책수저' 부모가 되기를 권한다.

아이가 유치원에 다닐 무렵이 되면 옛이야기와 전래동화를 들려주고, 초등학생이 되면 《삼국유사》 속 이야기를 한 편씩 읽고 이야기를 나누는 시간을 마련해보자. 건강한 몸을 위해 예방주사를 맞아야 하듯이, 건강한 정신을 위한 예방주사도 필요하다. 옛이야기를 많이 들으면 자연스레 삶의 용기가 생긴다. 옛이야기는 우리 정신의 면역체계를 만들어준다. 옛이야기는 우리 마음의 예방주사인 셈이다.

예를 들어 아이가 다섯 살 무렵이 되면 서정오의 《옛이야기 보따리》를 읽어주기를 권한다. 삶과 죽음을 왔다 갔다 하며 위태로운 상황에 처한 이야기 속 주인공들의 고난 극복기를 읽으며, 우리 조상의 슬기를 배울 수 있기 때문이다. 여러 주제의 흥미진진한 이야기를 읽는 재미뿐만 아니라, 주인공이 겪는 문제를 어떻게 풀어나

가야 할지 아이와 함께 생각해보는 시간을 가질 수 있다.

아이가 초등학생이 되면 《삼국유사》를 함께 읽어보기를 권한다. 고대 선사시대부터 오늘날에 이르기까지 개인과 공동체의 정체성은 신화와 전설 같은 '이야기'가 담당해온 영역이다. 《삼국유사》에는 한반도 고대국가들의 건국신화와 토속신앙, 전설 등 다양하고 기묘한 이야기가 담겨 있다. 이 생생한 이야기를 통해 우리는 조상들의 모습을 상상해보고 그들의 삶을 헤아려볼 수 있다. 《삼국유사》 속 이야기를 읽으며, 이 시대 한반도에서 태어나 살아가는 '나'를 들여다보는 시간을 가져보자. 우리 조상의 삶이 깃든 《삼국유사》는 '나는 누구인가?', '우리는 누구인가?'라는 질문에 해답을 찾고자 할 때 더욱 특별한 길잡이가 되어줄 것이다.

2.

가족이 함께하는 시간은 천사의 기도보다 강력하다

행복한

가정에

대하여

랍비 요세*가 다음과 같이 말했다.

샤바트(Shabbat: 주말 안식일) 전야에 사람이 회당을 나와 집으로 돌아갈 때, 두 천사인 선한 천사와 악한 천사가 그와 함께 동행한다. 그의 집에 식탁이 차려져 있고 샤바트의 등불이 켜져 있으며 그의 아내와 아이들이 성스러운 날을 축복할 준비를 하고 있다면, 선한 천사가 이렇게 말한다. "당신의 모든 샤바트가 오늘 같기를. 이 가정에 평화가 깃들기를."

이때 악한 천사가 어쩔 수 없이 말한다. "아멘!"

그러나 그의 집에 아무것도 차려져 있지 않고 샤바트를 맞이할 준비가 되어 있지 않으며 그 가정에 샤바트를 환영하는 노래가 들리지 않는다면, 악한 천사가 이렇게 말한다. "당신의 모든 샤바트가 오늘 같기를."

이때 선한 천사가 눈물을 흘리며 말한다. "아멘!"

–샤바트** 119b

* 이 글에서 랍비 요세(Yose)는 '랍비 요세 벤 예후다(Yose ben Yehuda)'를 일컫는다. 그는 서기 2세기 말에 활동했던 탄나임 중 한 명이다. 탄나임(Tannaim)은 '반복하는 자'라는 의미로, 유대인의 전통을 암기하고 반복하여 후대에 전달하는 역할을 하는 사람을 말한다. 미슈나 편집 이전 시대의 랍비들을 말한다.

** 샤바트(Shabbat)는 탈무드의 두 번째 순서인 모에드(Moed)의 첫 번째 소논문이다.

❖

랍비 요세가 전하는 '안식일의 두 천사' 이야기는 가정에서 안식일을 지키는 것의 의미를 생각하게 한다. 유대인들은 율법의 가르침에 따라 안식일을 기억하며 거룩하게 지켜야 한다. 유대인의 전통적인 시간관념으로 안식일은 '금요일 일몰부터 토요일 일몰까지'다.

탈무드의 샤바트에는 안식일과 관련된 율법이 수록되어 있으며, 특히 안식일에 금지된 활동을 다룬다. 유대인은 안식일을 '퀸 샤바트(Queen Shabbat)'라고 칭하며 그 중요성을 강조하는데, 말 그대로 안식일을 여왕을 모시듯 환영해야 한다고 가르친다.

두 천사 이야기 외에도 탈무드에는 안식일과 관련된 여러 이야기를 전하고 있다. 탈무드는 안식일을 잘 지키면 복을 받는다는 이야기를 반복하여 들려준다. 랍비 요세는 "안식일을 기뻐하는 사람에게 하느님께서 끝없는 유산을 주실 것이다."라고 말했다.

랍비 요세가 전하는 위 이야기에 두 천사가 등장하는 것은 매우 흥미롭다. 게다가 한 천사는 선한데, 다른 한 천사는 악하단다. 흔히 천사라면 모든 가정에 축복을 빌어줄 것 같은데, 그렇지 않다고 말한다. 오직 안식일을 지키는 가정에만 그 가정의 축복을 빌어준다. 안식일을 지키지 않는 가정에는 축복을 빌어줄 수 없다는 뜻이다. 아무리 선한 천사가 그 가정을 위해 기도하며 눈물을 흘릴지언정 축복을 빌어주지는 못한다. 가정의 행복이란 천사가 축복을 빌어준다고 만들어지는 것이 아니며, 가족 구성원 모두가 시간을 내어 함께 보내는 노력을 할 때 가능하다는 메시지는 마음에 깊은 울림을 전한다.

유대인이 이토록 안식일을 지킬 것을 강조하는 이유는 무엇일까? 그들은 2000년 가까이 나라 잃은 유랑인으로 세계 곳곳에 뿔뿔이 흩어져 살아왔지만, 유대인 공동체로서 자기 정체성을 보존할 수 있었던 것은 안식일을 잘 지킨 덕분이라고 여긴다. 실제로 안식일은 유대인 가족 구성원을 결속시키는 결정적인 역할을 했다. 그들은 일주일에 하루 가족과 함께 온전한 휴식을 취하는 안식일이 창조적인 유대 정신을 가능하게 하는 원동력이 된다고 믿는다.

자녀의 행복을 위한 최우선 조건은 무엇일까?

❖

초록우산 어린이재단은 전국의 초등학교 4학년에서 고등학교 2학년까지 아동·청소년 571명을 대상으로 '아동행복 생활시간'을 조사했다(2018년). 이 보고서에 따르면, '행복을 위한 최우선 조건이 무엇인가'라는 질문에 전체 응답자의 25.7%가 '화목한 가정'을 꼽아 가장 높은 수치를 기록했다. 또 '평소 행복을 느끼는 장소'로는 응답자의 38%가 '집'이라고 답했다. 하지만 실제로 하루 중 가족과 함께 보내는 시간은 평균 '13분'에 그치는 것으로 나타났다.

경제협력개발기구(OECD) 국제 비교연구 결과에 따르면(2015년), 한국의 아동·청소년은 다른 국가에 비해 가족과 보내는 시간이 훨씬 적은 것으로 보고되었다. 한국 부모들이 미취학 아동 자녀와 보내는 시간은 하루 '48분' 정도로, OECD 국가 평균인 150분과 큰 차이를 보였다. 특히 아버지가 아이와 보내는 시간은 하루 평균 '6분'에 그쳤다.

우리나라 아동·청소년이 '집'에서 행복을 느끼며 '화목한 가정'을 원한다는 조사 결과에 반해, 가족이 함께하는 시간은 하루 평균 13분이라니 안타까운 마음이 든다. 자녀를 위해 쉬지 못하고 끊임없이 일하는 부모의 모습이 눈앞에 보이는 듯하다. 정작 자녀가 원하는 것은 가족이 함께 시간을 보내는 것인데 말이다.

이스라엘에는 '안식일이 이스라엘을 살렸다'라는 말이 있다. 이는 매주 가족이 함께하는 시간이 있었기에 가족이 행복한 공동체가 될 수 있었고, 나아가 사회 전체도 나아졌다는 의미가 아닐까. 오늘날 우리는 이른바 '바쁨 중독'이 미덕인 시대에 살고 있다. 핵가족임에도 온 가족이 모여 식사조차 하기 힘들다. 부모는 회사나 집안일로, 자녀는 학교와 학원 등으로 각자의 바쁨을 이유로 가족이 같이 보내는 시간을 갖기 어렵다. 하지만 매일 반복되는 각자의 일과 상황에서 벗어나 자신과 가족을 돌아보는 시간을 갖는 것은 매우 중요하다. 가족이 함께 만들어나가며 쌓은 친밀한 결속감은 행복이라는 충족감뿐만 아니라 가족 구성원에게 삶을 헤쳐나가는 원동력이 되어준다. 그 시간이 추억으로 깃들어 앞으로 나아갈 수 있게 해준다. 특히 가족이 함께하는 시간은 자녀의 자존감이 형성되는 데 큰 영향을 끼친다. 가정이라는 쉴 곳이 있고, 부모가 나를 언제나 사랑하고 있다는 든든한 지지를 가슴에 품은 아이는 어떤 상황에서든 결국 다시 일어설 수 있다는 의미다.

멈출 수 있는 힘이 나아가게 하는 힘이다

안식일(또는 축일祝日)은 곧 가족의 축복을 기원하는 시간이다. 농경문화권은 대개 계절의 변화에 맞춘 축일을 가지고 있다. 그러나 유대인의 축일은 크게 다르다. 창세기에 창조주께서 엿새 동안 세상을 만드시고 이레째 쉬셨다고 하여, '일주일' 단위로 안식일을 지킨다. 히브리어로 '샤바트'라고 부르는 안식일은 유대인의 축일 가운데 가장 핵심적인 날이다. 가정에서 의식이 행해지며 7일이라는 짧은 주기로 반복된다. 엿새 동안 힘써 생업에 종사한 후 맞이하는 안식일은 하느님의 천지창조와 출애굽(이스라엘 민족의 이집트 탈출) 사건을 상기하는 '거룩한 날'이다. 안식일은 금요일 해 질 때부터 시작되는데, 어떤 일도 하지 않고 가족과 시간을 보내야 한다(그렇다. 유대인은 '불금'을 가족과 보낸다).

금요일 오전이 되면 유대인은 안식일을 준비한다. 미리 장을 보고 음식을 장만한다. 안식일에 사용하는 식탁을 장식할 촛대와 꽃을 고르고, 깨끗한 식탁보와 아끼는 그릇을 꺼낸다. 그리고 가족 모두 깨끗한 옷으로 갈아입고, 안식일이 시작되기 전까지 온 가족이 식탁에 모여 한 사람씩 돌아가며 한 주 동안 있었던 일에 대해 이야기를 나눈다.

금요일 저녁, 안식일이 시작되면 식탁의 촛불을 밝히고, 가족은 서로를 위해 축복을 비는 시간을 갖는다. 가장 먼저 부모가 자녀를 위한 기도를 한다. 이어서 남편이 아내를 위한 기도를 하고, 아내가 남편을 위한 기도를 한 다음, 온 가족이 가족 전체를 위한 기도를 한다. 뒤이어 가장은 손을 씻은 후, 빵을 나누고 포도주를 축성하며 출애굽 사건을 기억한다. 안식일 식사를 마친 뒤에는 식후 기도를 한다.

다음 날인 토요일 오전에는 가족이 함께 회당 예배에 참여한다. 오후에는 토라를 공부하며 토론하는 시간을 갖는다. 그리고 해가 질 무렵에 안식일을 마감하는 종교의식인 하브달라(Havdalah)를 행한다. 하브달라란 성(聖)과 속(俗)의 경계를 구분 짓는 의례로 안식일을 마감하며 일상으로 돌아오는 것을 상징한다.

이러한 과정의 안식일 의식은 매주 금요일 저녁부터 토요일 저녁까지 이어지며, 계속 주마다 반복된다. 즉 안식일을 지키기 위해 유대인은 이 기간 동안 모든 일을 멈추고 쉬어야 한다.

나중이 아니라 '오늘' 함께하는 것이 중요하다

❖

탈무드를 읽으면서 안식일의 가치를 느끼게 되어, 우리 부부는 그 의식을 따라 하고 싶은 마음이 들었다. 그래서 종교적 의식은 제외하고 약식으로 시도해보았다. 금요일 오후에 장을 보고 음식을 만들어 가족이 함께 안식일 전야의 만찬을 즐길 수 있도록 했다. 가족 구성원이 돌아가며 이야기하는 시간도 가졌다. 다음 날인 토요일 오전에는 서로를 위해 소망을 빌어주는 시간을 가졌다. 금요일 저녁부터 토요일 저녁까지는 다른 일정 없이 온 가족이 모여 휴식을 취했다. 지난 한 주를 정리하고 다가올 새로운 한 주를 준비하며 소박하고 평안한 주말을 보냈다. 안식일을 한 번 체험한 것뿐이었지만 가족 모두가 좀 더 친밀해진 느낌이 들었다.

안식일 체험은 우리 가족에게 새롭고도 뿌듯한 시간을 선사해주었다. 앞으로도 이 경험을 이어가고 싶었다. 하지만 온 가족이 매주 금요일과 토요일 시간을 비우는 것이 우리 현실과는 맞지 않다고 판단했다. 우리 가족만의 안식일 규칙을 따로 정할 필요가 있었다. 몇 번의 시행착오를 거치며 우리 가족은 '일요일 오후부터 월요일 아침까지'를 가족의 안식일로 정했다. 그리고 엄마를 비롯한 여성이 가사노동을 떠안는 것을 당연시하는 우리 문화에서 가족이 함께 쉬는 안식일을 만든다는 것이 자칫 여성의 가사노동을 가중시키는 일이 될 수도 있을까 염려되어, 가장 먼저 안식일의 가사노

동부터 분담했다.

이제 일요일 오후가 되면 우리 가족은 모두 하던 일을 멈춘다. 부모는 생업을 멈추고, 자녀는 하던 공부나 놀이를 잠시 접어둔다. 월요일 아침까지 오로지 가족이 함께 시간을 보내며 휴식을 취한다. 맛있는 음식을 해 먹고 차를 마시며 대화를 나눈다. 좋았던 일을 이야기할 때는 함께 좋아하고, 힘든 일을 이야기할 때면 공감하며 격려한다. 고민이나 걱정거리를 털어놓으면 함께 고심하여 해결책을 모색한다. 한 주 동안 읽은 책 이야기를 하며 독서 토론도 한다. 이런 식으로 나와 가족을 돌아보는 시간을 갖는다. 가족의 안식일 경험이 회를 거듭하면서, 우리는 '안식일이 이스라엘을 살렸다'는 말의 의미를 실감할 수 있었다. 안식일은 우리 가족에게 휴식과 재생, 창조의 시간을 안겨주었다.

처음에는 가족이 서로 얼굴을 보고 앉아 있는 것조차 어색할 수 있다. 그래도 괜찮다. 노력해보자. 가족이 함께 모이는 시간이 늘어남에 따라 그 시간이 자연스러워지고, 가족이 나눌 이야기들이 기대될 것이다. 그렇게 우리 아이들이 바라는 화목한 가정에 차츰 다가갈 수 있을 것이다.

거창한 기도까지는 아니라도 매일 가족을 위해 작은 소망을 빌어주는 시간을 가져보는 것은 어떨까? 시간적 여유가 있다면 아침 식사 자리에서 가족이 서로의 건강과 축복을 빌어주는 대화를 나누어보자. 부모와 자녀 모두의 하루가 달라질 것이다. 유대인 격언 중에 '오늘 아끼는 꽃병을 사용하라. 내일은 깨질 수 있다'는 말이 있다. 아무리 마음속으로 소중히 여긴다 해도, 그 존재는 당장 내일이라도 내 곁에 없을 수 있다. 가족을 사랑하고 소중하게 생각한다면, 내일 또는 언젠가가 아니라 바로 오늘 함께하는 시간을 마련해야 한다.

3.

스스로 하는 아이 뒤에는 인내하는 부모가 있다

자기 주도적

태도에

대하여

랍비 이스마엘*이 말했다. "사람이 진리와 정의의 길에 들어서면, 신은 그를 인도해주신다. 한편 사람이 죄의 길로 들어서면, 신은 '네게 이성과 자유의지를 주었으니, 네 길을 가라.'고 하신다."

사람들이 물었다. "왜 신은 그렇게 많은 부패와 악을 허용합니까?"

랍비 이스마엘이 대답했다. "신이 아니라, 그대들이 윤리악(倫理惡)을 창조하고 지지하는 자들이다. 들판이 잡초로 뒤덮일 때, 농부가 신을 원망해야 하는가? 그렇지 않다. 농부는 자신의 부주의와 태만을 탓해야 한다. 자신의 미덕으로 자신의 일을 돌보는 자는 고귀하고, 자신의 죄가 자신의 것임을 알지 못하는 자는 비통하다. '높은 곳에서 순전한 도움을 얻으라.'는 문장은 우리의 경건한 선조를 격려했고, 우리에게 용기를 북돋워준다."

—H. 폴라노, 《탈무드》, 222쪽 중에서 발췌

* 이 글에서 랍비 이스마엘(Ishmael)은 '랍비 이스마엘 벤 엘리샤(Ishmael ben Elisha)'를 일컫는다. 그는 서기 1~2세기에 활동했던 탄나임 중 한 명으로 대사제를 역임했다.

❖

랍비 이스마엘은 '탈무드 문학의 아버지'로 불릴 만큼 유대인의 정신을 언어로 표현하는 데 뛰어났다. 그의 가르침은 명확하고 간결하기로 유명했다.

랍비 이스마엘은 '인간의 자유행동권(free agency)' 교리를 옹호했다. 신이 인간에게 이성과 자유의지를 부여했으므로, 인간은 스스로 선택하고 결정하며 자신의 행동에 책임질 수 있어야 한다는 것이다. 자유는 신의 선물이지만, 자신이 선택한 결과에 반드시 대가가 따른다는 의미다. 랍비 이스마엘은 신의 처벌이나 보상, 강요에 의해서가 아니라 인간 스스로 고귀해질 수 있다고 보았다.

하지만 인간은 완전하지 않으며 매 순간 좋은 선택을 할 수 없다. 때로 나쁜 선택을 하고, 그렇기에 실수와 실패를 반복한다. 만약 인간이 나쁜 선택을 할 때, 신이 즉각적으로 나서 개입하고 통제한다면 어떻게 될까? 인간은 신이 시키는 대로만 하는 '신의 아바타'가 되지 않을까?

랍비 이스마엘이 전하는 앞의 이야기에서 신을 '부모'로 인간을 '자녀'로 바꾸면, 다음과 같은 구절이 된다(탈무드의 수많은 구절이 신을 '부모'로, 인간 또는 사람을 '자녀'로 대입하여 다시 읽으면 훌륭한 자녀 교육서로 읽힌다).

"자녀가 진리와 정의의 길에 들어서면, 부모는 자녀를 인도한다. 한편 자녀가 죄의 길로 들어서면, 부모는 '네게 이성과 자유의지를 주었으니, 네 길을 가라.'고 말한다."

자녀는 독립된 존재이며 이성과 자유의지가 있다. 그러므로 자녀도 인간으로서 자유롭게 행동하되 자신의 행동에 책임질 수 있어야 한다.

나도 혹시 '헬리콥터 부모'일까?

❖

우리나라에는 유독 헬리콥터형 부모가 많다. 헬리콥터 부모란 자녀 주위를 헬리콥터처럼 맴돌며 모든 일에 간섭하려는 부모를 말한다. 자녀에게 더욱 완벽한 스펙을 만들어주기 위해 헬리콥터형 부모는 자녀의 학원 스케줄부터 교우관계는 물론 진학·진로에 이르기까지 깊게 관여한다. 심지어 성인이 된 자녀의 인생 스케줄까지 짜준다. 자녀의 일상을 촘촘히 관리하며 일거수일투족을 간섭한다.

우리는 부모로서 '자녀를 위한다'는 목적하에 헬리콥터 부모처럼 자녀를 통제하는 것에 대해 깊게 생각해봐야 한다. 헬리콥터형 방식으로 훈육된 아이는 결국 부모의 아바타로 살아가게 될 것이다. 부모의 삶을 대신 살아가는 아이가 진정 행복할 수 있을까?

자녀가 자기 삶의 주인이 되도록 키우고 싶다면, 부모의 뜻대로 앞서서 이끌어서는 안 된다. 자녀 스스로 시행착오를 겪으며 자신의 길을 찾아갈 수 있도록 자녀의 뒤에서 지켜봐야 한다. 물론 이는 쉽지 않다. 머리로는 자녀를 믿고 기다릴 수 있다고 생각하지만, 막상 생각을 행동으로 옮기기 어렵다. 자녀가 실패를 통해 더 많이 배울 수 있다는 것을 잘 알지만, 내 자녀가 실패로 인해 상처받지 않았으면 좋겠고 성공이나 좋은 경험만을 하기를 바라기 때문이다. 그렇기에 자녀가 조금이라도 좋지 않은 선택을 할 것 같으면, 불쑥 끼어들어 자녀의 생각과는 상관없이 부모의 의지대로 휘두르고 마는 것이다. 하지만 부모의 선택을 따라가는 삶이 아닌 자녀가 자기 삶의 주인이 되기를 원한다면, 부모부터 인내할 수 있어야 한다.

부모가 기다려주면 아이는 스스로 큰다

탈무드 샤바트에는 다음과 같은 랍비 힐렐[*]의 이야기를 기록함으로써 인내심의 미덕을 강조한다.

두 남자가 내기를 했다. 한 사람이 힐렐을 화나게 하면, 다른 사람

* 랍비 힐렐(Hillel the Elder)은 기원전 1세기 후반부터 기원후 25년경에 활동한 인물이다. 바빌론에서 태어나 예루살렘에서 활동했다. 그는 성서의 주석 및 유대교 전승(傳承) 해석의 대가이자, 유대교 현자로 불렸다. 율법의 형식보다 내용을 중시하고, 유대교 근본정신의 실행에 힘썼다.

이 4백 주즈(Zuz: 유대인의 옛 화폐 중 하나)를 주기로 한 것이다. 샤바트 전날 힐렐이 몸을 씻고 있을 때, 한 남자가 찾아왔다. 힐렐의 집 문 앞에서 그가 소리쳤다. "힐렐 있소? 힐렐 있소?"

힐렐은 옷으로 대충 몸을 감싸고 그를 맞으며 말했다. "무엇을 찾습니까?"

그가 물었다. "바빌로니아 사람의 머리는 왜 둥글까요?"

힐렐이 대답했다. "중요한 질문이군요. 바빌로니아에 실력 있는 산파가 없기 때문이지요."

그는 돌아갔다. 얼마 되지 않아, 그는 다시 힐렐의 집 문 앞에서 소리쳤다. "힐렐 있소? 힐렐 있소?"

다시 힐렐은 옷으로 몸을 감싸고 그를 맞으며 말했다. "무엇을 찾습니까?"

그가 물었다. "팔미렌(Palmyrene) 사람들은 왜 눈이 나쁠까요?"

힐렐이 대답했다. "중요한 질문이군요. 모래가 많은 지역에 살아서 눈에 쉽게 모래가 들어가기 때문이지요."

그런데 얼마 되지 않아 그는 또 힐렐의 집 문 앞에서 소리쳤다. "힐렐 있소? 힐렐 있소?"

다시 힐렐은 그를 맞으며 말했다. "무엇을 찾습니까?"

그가 물었다. "아프리카 사람들은 왜 발이 넓을까요?"

힐렐이 대답했다. "중요한 질문이군요. 그들은 습지에 살고 있어서 습지를 걷기 좋도록 발이 넓어졌기 때문이지요."

그가 화를 내며 말했다. "당신이 화를 내지 않아서 400주즈를 잃고 말았소!"

힐렐이 말했다. "인내하세요. 화를 내는 것보다 400주즈를 잃는 것이 낫습니다."

–샤바트 31a

탈무드에는 랍비 힐렐의 인내심을 시험하는 사람들이 여럿 등장한다. 이들은 힐렐을 놀리고 괴롭히기도 하면서 힐렐의 화를 돋운다. 하지만 결국 힐렐의 인내심에 굴복하고 만다. 이처럼 인내는 사람을 감동시키고 마침내 변화시킨다. 이스라엘 학교에서 자주 언급하는 히브리어가 '레아트'와 '싸블라누트'라는 사실이 인상 깊다. 레아트(l'at)는 '천천히'라는 뜻이고, 싸블라누트(savlanút)는 '인내심'이라는 뜻이다. 우리나라의 '빨리빨리' 문화와는 사뭇 대조적이다.

부모가 인내하면 부모와 자녀 관계는 저절로 좋아진다. 부모의 인내는 자녀를 감화시키고 스스로를 성장시킬 수 있다. 인내도 노력이 필요하다. 자녀의 이야기를 끝까지 들어주는 것으로 인내하는 연습을 시작해보자. 자녀의 이야기 중간에 말허리를 자르거나 미리 결론을 내지 않고, 자녀와 눈을 맞추고 자녀의 말에 귀 기울여 보자.

또한 대화를 나누며 자녀의 발달단계에 맞게 적절한 질문을 하면, 자녀의 의사결정 능력을 키워줄 수 있다. 질문에 대한 자기만의 해답을 찾는 과정을 통해 자녀는 스스로 생각하고 판단하는 연습을 하게 된다.

15개월에서 30개월까지 자율성이 한창 발달하는 시기의 아이에게는 두 가지 선택지 중 하나를 고르게 하는 질문을 해보자. 둘 중 어느 쪽을 선택하더라도 아이의 선택을 오롯이 존중해야 한다. 자녀가 커감에 따라 선택지를 서너 개로 늘려 선택의 폭을 점차 넓혀나가도록 도와주자.

네다섯 살이 되어 아이가 주어와 서술어로 이루어진 간단한 문장을 말할 수 있다면 단답형이나 짧은 문장으로 답할 수 있는 서술형 질문을 해보자. 이때 아이는 대답하는 과정에서 자신의 생각을 문장으로 만드는 연습을 하게 된다. 부모가 '왜'로 시작하는 질문을 하여 아이가 '왜냐하면'으로 시작하는 문장으로 답할 수 있도록 유도해보자. 아이 스스로 결과에 대한 원인을 생각해봄으로써 인과관계를 익히고 논리적 사고를 연습할 수 있을 것이다. 한 문장에서 두 문장, 두 문장에서 세 문장으로 점차 늘려가며 자신의 생각을 구체적으로 말할 수 있도록 도와주자.

자녀가 호기심이 폭발하는 시기인 유아기라면 마음껏 질문할 수 있는 분위기를 만들자. 때로 엉뚱한 질문을 하여 부모를 곤란하게 만들기도 하겠지만, 어떤 질문을 하더라도 위 랍비 힐렐의 이야기를 떠올리며 '중요한 질문이구나'라는 말로 아이의 질문을 환영해주자. 부모와 자녀가 질문에 대한 해답을 찾는 노력을 함께 기울인다면, 아이가 가진 호기심의 싹이 잘 자라 꽃 피우고 열매를 맺을 것이다. 아이의 의사결정 능력도 쑥쑥 자랄 것이다.

유대인 격언 중에 '가장 천한 사람은 자신의 가정에서 독재하는 사람이다'라는 말이 있다. 분노와 강요로 자녀를 대하면 육아가 쉬워질지 모른다. 하지만 이런 통제적인 육아는 자녀를 성장시키지 못하고 영원히 아이의 상태에 머무르게 하는 결과를 초래할 수 있다. 부모는 기다리고 인내하며, 자녀는 스스로 결정할 수 있는 힘을 기르는 연습이 필요하다.

4.

아이에겐 자유롭게 말할 권리가 있다

의사소통에

대하여

미슈나에는 "저녁 기도는 고정되어 있지 않다."라고 쓰여 있다.

게마라*는 묻는다. "고정되어 있지 않다는 말의 뜻은 무엇인가?"

랍반 가말리엘**이 말했다. "저녁 기도는 의무 사항이라는 뜻이다."

랍비 여호수아***가 말했다. "저녁 기도는 선택 사항이라는 뜻이다."

제자 한 명이 랍비 여호수아에게 물었다. "저녁 기도는 의무입니까? 아니면 선택입니까?"

랍비 여호수아가 말했다. "저녁 기도는 선택이다."

그 제자가 랍반 가말리엘에게 물었다. "저녁 기도는 의무입니까? 아니면 선택입니까?"

랍반 가말리엘이 말했다. "저녁 기도는 의무다."

---

* 게마라는 히브리어와 아람어로 쓰인 '미슈나' 강해서(주석서)다. 이 책 34쪽 참조.

** 이 글에서 랍반 가말리엘(Gamaliel)은 '랍반 가말리엘 2세(Gamaliel Ⅱ)'를 일컫는다. 그는 유대교 율법과 기도 의식을 통일하여 큰 존경을 받았으나, 종종 독재를 휘둘러 한때 파면되기도 했다.

*** 이 글에서 랍비 여호수아(Joshua)는 '랍비 여호수아 벤 하나냐(Joshua ben Hananiah)'를 일컫는다. 그는 성전 파괴 사건 후 반세기 동안 활동한 대표적인 탄나임 중 한 명으로, 미슈나에서 자주 언급되는 랍비다.

그 제자가 랍반 가말리엘에게 말했다. "하지만 랍비 여호수아는 선택 사항이라고 했습니다."

랍반 가말리엘이 그 제자에게 말했다. "배움의 집에 들어가서 현자들이 올 때까지 기다려라."

현자들이 들어오자, 그 제자가 다시 물었다. "저녁 기도는 의무입니까? 아니면 선택입니까?"

랍반 가말리엘이 대답했다. "저녁 기도는 의무다."

랍반 가말리엘이 현자들에게 말했다. "내 말에 동의하지 않는 사람 있습니까?"

랍비 여호수아가 대답했다. "동의하지 않습니다."

–베라코트* 27b

* 베라코트(Berakhot)는 탈무드 첫 번째 순서인 제라임(Zeraim)의 첫 번째 소논문이다.

❖

유대교의 '랍반(Rabban)'은 랍비보다 훨씬 더 영광스러운 호칭으로 존경받는 지도자를 말한다. 또한 유대인의 최고 의결 통치기관인 산헤드린(Sanhedrin)의 수장을 부르는 존칭이기도 하다.

앞의 이야기에서 권위 있는 인물인 랍반 가말리엘과 랍비 여호수아가 "저녁 기도는 고정되어 있지 않다."라는 구절의 의미를 두고 대립한다. 랍반 가말리엘은 저녁 기도를 의무적으로 해야 한다는 입장이고, 랍비 여호수아는 저녁 기도는 선택 사항이라는 입장이다.

게마라에 따르면, 이 일화에서 랍비 여호수아가 주장을 굽히지 않자, 랍반 가말리엘이 제자들을 가르치는 동안 랍비 여호수아를 내내 서 있게 했다고 한다. 이 사건으로 현자들 사이에서 랍반 가말리엘의 리더십 논란이 불거졌고, 결국 그는 산헤드린의 의장 자리에서 물러나게 되었다. 이후 랍반 가말리엘은 랍비 여호수아에게 사과하고, 여호수아는 가말리엘의 복위를 요청한다. 하지만 이전과 다르게 랍반 가말리엘은 산헤드린의 공동 수장으로서 다른 랍비와 교대로 복무하게 된다.

아이의 마음을 알고 싶다면 권위부터 버려라

❖

'찬물도 위아래가 있다'는 속담에서 알 수 있듯이, 우리 사회는 서열을 중요시한다. 유교 사상의 기본이 되는 덕목 중 하나인 장유유서(長幼有序)는 어른과 아이, 곧 상하의 질서가 흔들리지 않고 반듯하게 유지되어야 올바른 사회가 유지된다고 본다. 실제로 가정과 학교, 직장 등에서 상대방이 나이가 한 살이라도 많거나 직급이 높으면 그의 의견에 순종하는 경우가 많다.

이러한 유교 문화에 익숙한 탓에, 탈무드에 나오는 랍비들의 논쟁이 매우 신선하게 느껴졌다. 한마디로 통쾌했다. 랍반 가말리엘이 산헤드린을 대표하는 최고 수장임에도 불구하고 리더십을 제대로 발휘하지 못하자 그 자리에서 물러나게 된다. 유대인의 논쟁은 이처럼 논쟁 자체로 끝나는 것이 아니다. 문제를 해결하고 공동체를 위한 최선의 방안을 모색하며 더 좋은 방향으로 나아간다. 탈무드를 읽으면서 가장 배우고 싶은 것이 바로 이런 유대인의 대화법과 논쟁법, 즉 '의사소통 능력'이다.

탈무드에서는 기존 질서와 권위에 도전하는 정신을 곳곳에서 엿볼 수 있다. 미슈나에 명시된 율법인 할라카라 하더라도 유대인은 이를 그대로 따르지 않는다. 유대인에게는 권위와 서열이 소통하는 데 장벽이 되지 않는다. 연장자나 스승, 혹은 최고 지도자라고 해도 이들에게 무조건 순종하지 않는다. 서로 논쟁을 벌여 상황에 맞게 더 좋은 결과를 도출한다.

유대인의 가정도 마찬가지다. 부모가 자녀에게 권위를 내세워 일방적으로 명령하지 않는다. 자녀가 부모에게 순종하지도 않는다. 부모와 자녀가 서로에게 질문하고, 자유롭게 의견을 주고받으며 적극적으로 대화에 참여한다. 부모가 잘못한 경우에는 자녀가 비판할 수 있다. 자녀의 비판이 합당하면 부모는 자녀에게 사과한다. 이러한 소통은 부모와 자녀 사이에 열린 대화를 가능하게 한다.

한국과학창의재단이 서울 소재 고등학생 522명을 대상으로 실시한 설문조사(2014년)에 따르면, 조사 대상자 중 고교생 50.8%가 '가족 간 하루 평균 대화 시간이 30분 이내'라고 답했다. 또한 '10~30분'이 36.6%, '10분 이내'가 14.2%였다. 즉 이들 고등학생 두 명 중 한 명은 하루 평균 가족과의 대화 시간이 30분도 채 안 되는 것으로 나타났다.

또한 전국교직원노동조합 산하 참교육연구소는 전국 초등학교 5·6학년 1,955명을 대상으로 설문조사(2014년)를 실시하여, 이를 토대로 '2014년 어린이 생활 실태 보고서'를 발표했다. 이 보고서에 따르면, 방과 후 가족과 대화하는 시간이 '30분 이하'라고 답한 학생이 전체 조사 대상자 중 52.5%에 달했다. 이들 초등학생 중 9.2%는 아예 '가족과 대화하지 않는다'고 답했다.

위 설문조사 결과는 우리 사회의 부모와 자녀 사이에 대화 시간이 얼마나 부족한지 잘 보여준다. 많은 가정의 부모가 맞벌이를 하기에 부모의 시간적 여유가 부족하고(실제로 한국은 2019년 기준 OECD 국가별 노동시간 순위에서 3위를 기록할 만큼 여전히 노동시간이 길다), 자녀 또한 사교육으로 인해 집에 머무르는 시간이 부족하다 보니 부모와 자녀가 대화를 나누는 시간이 적을 수밖에 없다. 그렇지만 앞에서 언급했듯, 우리 사회의 권위와 서열을 중시하는 문화가 부모와 자녀 사이에 대화의 장벽을 더 높게 만든다고 생각한다.

우리 사회에서 '노(No)'라고 말하기란 쉽지 않다. 자신의 의견을 솔직하게 말하는 것보다 상대방 의견에 동의하는 것을 미덕으로 여기기 때문이다. 가정에서도 마찬가지다. 부모는 권위를 내세워 자녀에게 지시하고, 자녀는 부모의 지시에 순응하는 구도다. 이런 관습에 비춰볼 때, 자녀가 자라면서 부모와의 대화 시간이 짧아지는 것은 당연한 일인 것 같다. 대화를 가장한 부모의 일방적인 말에 내포된 명령과 금지를 자녀는 피하고 싶은 것이 아닐까.

무엇이든 말할 수 있고,
'NO'라고 말할 수 있는 아이로 키우자

❖

자녀와 대화하려면 수직적인 소통 방식부터 바꿔야 한다. 수평적인 대화를 나누기 위해서는 부모가 먼저 노력해야 한다. 부모의 경험이나 지금 상황을 솔직하게 이야기하는 것으로 대화를 시작해보는 것도 좋은 방법이다. 유대인은 어린 자녀에게 부모가 속해 있는 세상을 있는 그대로 들려준다고 한다. 부모가 어떤 선택을 했으며, 어떤 일을 하고 있는지 알려주는 것이 살아 있는 교육이라고 여기기 때문이다. 권위를 내세우는 것이 아닌 친근한 태도로 솔직하게 대화를 시도하면, 적어도 자녀가 대화를 껄끄러워하지는 않을 것이다.

자신의 생각을 자유롭게 말할 수 있는 분위기에서 자녀의 의사소통 능력은 향상될 수 있다. 자녀가 부모의 말에 반론을 제기하거나, 정반대의 관점을 제시할 때 '좋은 생각이야', '그렇게 생각할 수도 있구나'라면서 환영해주자. 자녀가 자기주장을 펼칠 수 있도록 독려하자. 유의할 점은 솔직하게 대화하더라도 부모가 감정적으로 호소하는 태도는 삼가자는 것이다. 감정적인 태도는 아이를 힘들게 할 수 있기 때문이다. 부모가 감정을 조절하지 못하면 대화를 이어나갈 수 없다. 쉽지 않겠지만 이성과 논리를 바탕으로 대화를 이어가도록 노력해야 한다. 그래야 질문하고 토론하는 과정에서 자녀가 자신의 생각을 좀 더 정확하고 예리하게 정리할 수 있다. 무엇보다 질문과 토론은 그 결과와 관계없이 과정 자체로 큰 배움이 된다.

가정에서 논쟁하는 문화를 경험하는 것은 자녀의 의사소통 능력을 키우는 아주 좋은 방법이다. 부모와 자녀가 의견을 달리할 수 있는 주제 한 가지를 정해 실제로 논쟁을 해보는 것이다. 부모가 먼저 시범적으로 '나는 이렇게 생각한다. 왜냐하면…'이라고 의견을 말하며 시작해보자. 그리고 자녀가 '나는 이렇게 생각하지 않는다. 왜냐하면…'이라고 자신의 의견을 표현하는 것이다. 논쟁 당사자들은 가능한 의견을 명확하게 밝히고, 논리적인 근거로 상대방을 설득할 수 있도록 하는 것이 좋다.

탈무드 타니트* 7a에서 랍비 나흐만 바르 이츠하크(Nachman bar Yitzhak)는 "작은 나무조각이 큰 나무조각에 불을 붙일 수 있듯이, 작은 토라 학자도 위대한 토라 학자의 학문을 진보시킬 수 있다."고 말했다. 또 랍비 하니나(Hanina)는 "스승들로부터 많이 배웠고 친구들에게서 더 많이 배웠지만, 학생들로부터 가장 많이 배웠다."고 말했다.

이처럼 탈무드 타니트 7a는 소통의 중요성을 강조하고 있다. 부모와 자녀가 마음을 열고 솔직하게 대화를 나누면 서로의 생각이 더욱 빛나게 되고, 부모와 자녀와의 관계도 돈독해질 것이다. 또 랍비 하니나의 말처럼, 부모는 자녀로부터 또 다른 많은 것을 배울 수 있게 될 것이다.

---

* 타니트(Ta'anit)는 탈무드의 두 번째 순서인 모에드의 아홉 번째 소논문이다.

5.

시도하고 실패하며,
더 나은 실패를 경험하라

성공과

실패에

대하여

랍비 이츠하크*가 다음과 같이 말했다.

"만약 누군가가 당신에게 '나는 노력했지만 성공하지 못했다.' 라고 말한다면, 그를 믿지 마라. 마찬가지로 그가 당신에게 '나는 노력하지 않았지만 그래도 성공했다.'라고 말한다면, 그를 믿지 마라. 그러나 그가 당신에게 '나는 노력했으므로 성공했다.'라고 말한다면, 그를 믿어라."

–메길라** 6b

* 이 글에서 랍비 이츠하크(Yitzhak)는 '랍비 이삭 나파하(Isaac Nappaha)'를 일컫는다. 그는 아모라임(Amoraim) 2세대 랍비로 갈릴리에서 활동했다. 아모라임은 해설자라는 뜻으로, 미슈나 기록 이후 미슈나 본문을 해석하고 토론했던 랍비들을 말한다.

** 메길라(Megillah)는 탈무드 두 번째 순서인 모에드의 열 번째 소논문이다.

❖

탈무드 메길라 6b는 랍비 이츠하크가 전하는 노력과 성공에 대해 전한다. 그는 '노력했지만 성공하지 못한 사람'과 '노력하지 않았지만 성공한 사람'을 믿지 말라고 이야기한다. 오직 '노력했으므로 성공했다고 말한 사람'만 믿으라고 이야기한다.

사실 노력의 기준과 가치란 개인마다 해석이 다를 수 있고, 그렇기에 메길라 6b에 대한 주석에는 랍비 이츠하크의 말에 반박하는 글도 수록되어 있다. 예를 들면 사업의 성공에 관해서는 노력과 성공 사이에는 상관관계가 없으며, 결과는 하늘의 도움에 달려 있다고 논평한다. 개인적인 생각으로도 랍비 이츠하크의 말보다는 이 논평이 더 현실적으로 다가온다.

다만 랍비 이츠하크는 노력하지 않았는데 성공한 사람은 진정한 성공을 한 것이 아니며, 노력하지 않으면 성공할 수 없다는 말을 하고 싶었던 것은 아닐까. 그는 노력하는 과정 자체를 매우 중요시했다. 세속적인 세상이 성공의 결과만을 인정한다 하더라도, 중요한 것은 결과가 아니라 과정에서의 노력이라고 강조한다. 랍비 이츠하크가 말하는 성공이란 최선을 다하여 노력한 과정에 있는 것이다.

"마잘 톱!", 아이의 실수를 격려해주자

❖

개인 각자의 노력이 성공이라는 결실로 이어진다면 얼마나 좋을까? 하지만 아무리 노력해도 성공은커녕 실패하는 경우도 많다. 게다가 현실은 과정보다는 결과를 중요시하여, 결과가 좋으면 과정이 어떻든 상관하지 않는다. 이처럼 우리는 과정보다는 결과를 중요시하는 '성과주의' 세상을 살아가고 있다. 성과주의란, 이루어낸 결과에 따라 그에 상응하는 대가를 지급하는 경향을 말한다. 현대사회에서 개개인은 자신이 보유한 기술과 성과로 본인의 가치가 결정되며, 그에 따른 보상을 받는 것을 합리적이라고 여긴다.

이러한 성과주의는 성공에 집착하는 문화를 낳고, 자녀 교육에 악영향을 미친다. 성과를 내는 인재로 성장시키기 위해 어릴 때부터 자녀를 엄청난 경쟁에 내몰며 천문학적 비용을 들여 사교육을 퍼붓는다.

한양대학교 안산캠퍼스에서 열린 1급 정교사 자격연수에서 이재정 경기도교육감은 "대한민국의 성과주의 교육은 독이고 마약"이라고 비판했다. 이 교육감은 "우리는 여전히 생각하고 상상하는 것이 아닌 답을 맞히는 교육, 경쟁과 점수로 평가하는 교육을 하고 있다. … 갇혀 있는 생각의 틀을 깨지 않으면 안 된다. 교육의 낡은 고정관념을 깨야 한다."라고 강조했다. 성과주의와 성적지상주의 교육에 자녀를 내몰고 있는 우리 사회와 부모들이 귀 기울여야 할 메시지라고 본다. 제 역할을 다했다면 그것 자체로 성공한 것이라고, 결과보다 과정에 집중해야 한다고 말할 수 있어야 하지 않을까.

성공에 대한 일화를 생각할 때면, 10여 년 전 큰아이가 다닌 유치원의 원장 선생님께서 부모를 위해 말씀하셨던(썩 유쾌하지는 않았던) 강연 내용이 떠오른다. 원장 선생님은 유치원에서 발달이 빠른 몇몇 아이들을 소개하며 성공 경험의 중요성을 강조했다. 지속적으로 작은 성공을 경험해본 아이들이 훗날 큰 성공을 할 수 있다고 강조하며, 가정에서도 아이가 성공의 경험을 쌓을 수 있도록 지도해달라고 당부했다.

물론 작은 경험에 대한 성취를 칭찬해주는 것은 아이의 자존감과 자신감을 키워주는 데 중요하다. 하지만 유아기를 지나는 아이들은 화장실 가기, 배식 받기, 식사하기, 양치하기, 정리하기 등 유치원에서 해야 할 일이 많고, 이런 일 자체가 아이들이 스스로 모두 해내기에는 쉽지 않다. 가정에서는 부모가 어린 자녀의 생활을 도와주지만, 유치원에서는 스스로 이 일들을 해내야 하기에 어려움이 있다. 이 유치원에서는 아이들이 직접 해낼 수 있도록 자기 몫의 해야 할 일을 잘한 아이에게 상을 주는 보상제도를 운영하고 있었다. 그렇다 보니 발달이 느려서 혹은 실수로, 음식을 흘리거나 양치질을 제대로 하지 못하거나 등등 일을 처리하는 데 서툰 아이들은 상을 받지 못했다. 이런 모습을 보면서 참으로 마음이 답답했던 기억이 난다.

우리 사회는 왜 이토록 성과와 성공을 강조할까? 탈무드를 읽으며 실패에 관대한 유대인의 문화를 접하면서 느끼는 바가 많았다. 만약 아이가 실수로 유리컵을 깼다고 가정해보자. 우리나라 부모의 경우라면 먼저 아이가 다치지 않았는지 살피고, 그다음에는 아이에게 조심하라고 주의를 줄 것이다. 한편 같은 경우에 유대인 부모는 "마잘 톱!"이라고 말하면서 크게 손뼉을 쳐준다고 한다. 히브리어 '마잘 톱(mazal tov)'은 우리말로 '축하하다'라는 뜻이다. 자녀가 실수라는 경험을 통해 유리컵을 떨어뜨리면 깨진다는 배움을 얻었고, 깨진 컵은 위험하니까 다음부터는 유리컵을 다룰 때 조심해야 한다는 깨달음을 얻었으니, 이런 좋은 기회를 맞은 것을 축하한다는 의미로 하는 말이다. 그들은 실수를 '새로운 배움'과 '깨달음을 얻는 기회'로 여긴다.

실수한 경험을 값진 배움으로 연결시키는 유대인 부모의 이야기를 읽고 나서, 앞의 랍비 이츠하크의 말을 되새겨보니 노력과 성공의 진정한 의미에 좀 더 다가갈 수 있었다. 배움이란 결과가 아니라 '과정'에서 얻을 수 있는 것이기에, 최선을 다하여 노력했다면 그 자체로 성공한 것이라는 걸 말이다. 결과가 성공이든 실패든 중요하지 않다. 결과가 성공이라면 감사하는 마음으로 받아들이면 되고, 실패라면 그 실패를 통해 배움을 얻었다고 생각하고 다시 시도하면 된다.

실패란 배울 수 있는 기회다

❖

탈무드에서 유대인 부모가 실수한 자녀에게 대하는 태도를 배우고 나서, 나는 우리 아이들에게 그 방법을 적용해보았다. 아이들이 실수하면 "마잘 톱!"이라고 말하며 격려해주었다. 처음에 아이들은 당황하는 기색이 역력했다. 평소라면 잔소리를 듣거나 혼이 나야 하는 상황인데, 엄마가 축하한다고 말하니 이상했을 것이다. 당황한 아이들에게 "실수를 통해 배운 게 있으니 축하할 일이지."라고 말해주었다. 아이들은 이 말을 무척 좋아했다. 그리고 "같은 실수를 반복하지 않기 위해 노력해야 하지만, 새로운 실수는 얼마든지 해도 좋다."고 말해주었다.

유대인 부모처럼 자녀가 실수하거나 실패할 때면 '괜찮다', '경험이다'라고 격려해주자. 성공 중심의 성과주의 환경에서는 아이가 새로운 시도를 하기 어렵다. 새로운 시도를 할 때 실패할까 봐 두려운 나머지 도전에 회피하는 마음이 들기 때문이다. 처음 해보는 일을 성공하는 것이 더 어려운 일이지 않은가. 성과주의의 폐해는 아이들로 하여금 새로운 시도를 경험해볼 기회를 박탈하는 것이다.

농인 부모를 둔 이길보라 감독은 그녀의 저서《해보지 않으면 알 수 없어서》에서 부모와의 일화를 소개한다. 그녀가 네덜란드 유학을 앞두고 유학비와 체류비 때문에 걱정하며 망설일 때, 부모님은 "괜찮아, 경험!"이라고 말하면서 일단 시도해볼 것을 권했다. 들리지 않았기에 직접 부딪히며 세상을 느껴야 했던 부모님의 삶의 지혜가 녹아 있는 말이 아닐 수 없다. 성공하든 실패하든 일단 경험해보는 것이 중요하다는 이길보라 감독 부모님의 말씀은 랍비 이츠하크의 말과 닮았다.

《고도를 기다리며》의 저자 사무엘 베케트(Samuel Beckett)는 "다시 시도하고, 다시 실패하라. 더 나은 실패를 하라."고 말했다. 자녀가 실패를 경험했을 때 이를 탓하지 말고 성공했을 때와 다름없이 축하해주자. 이길보라 감독의 부모님 말씀을 빌려 이렇게 말해주자. "괜찮아, 경험!"

6.

어려움은 아이의 가능성을 열어주는 기회다

역경에

대하여

랍비 아키바*가 길을 걷다가 어느 도시에 다다랐다. 그는 숙소를 구하려 했지만 어느 누구도 숙소를 내주지 않았다. 랍비 아키바가 말했다. "모든 것은 하느님이 하시는 일이기에 저희는 최선을 다할 뿐입니다."

랍비 아키바는 자신이 가져온 수탉과 당나귀와 양초를 가지고 들판으로 나아가 잠을 청했다. 그런데 돌풍이 불어 양초가 꺼졌고, 고양이가 수탉을 잡아먹었고, 사자가 와서 당나귀를 잡아먹었다. 랍비 아키바가 말했다. "모든 것은 하느님이 하시는 일이기에 저희는 최선을 다할 뿐입니다."

그날 밤, 군대가 도시를 습격하고 사람들을 포로로 잡았다. 랍비 아키바만이 유일하게 군대에 잡히지 않았는데, 도시에 있지 않았고 자신의 위치를 노출시킬 촛불도, 시끄럽게 울던 수탉이나 당나귀도 없었기 때문이다.

랍비 아키바가 말했다. "제가 이야기하지 않았습니까? 모든 것은 하느님이 하시는 일입니다."

—베라코트 60b

* 이 글에서 랍비 아키바(Akiva)는 '랍비 아키바 벤 요세프(Akiva ben Yosef)'를 일컫는다.

❖

어려움은 언제나 예고도 없이 찾아온다. 더군다나 안 좋은 일은 꼭 겹쳐서 일어난다. 통제할 수 없는 일이 일어날 때, 기별도 없이 불쑥불쑥 찾아오는 악재 앞에 우리 인간은 한없이 흔들린다. 언제 끝날지 모르는 악재 속에서 버티고 버티면서 운명을 원망하고 신을 원망하기도 한다. 어려운 일이 닥쳤을 때, 과연 랍비 아키바처럼 "모든 것은 하나님이 하시는 일이다."라고 말할 수 있을까. 결코 쉽지 않을 것이다. 거듭되는 악재 속에 랍비 아키바 역시 마음이 상하고 낙담했을 것이다. 그러나 아키바는 원망과 분노가 자신을 집어삼키도록 용납하지 않았다. 자기 자신에게 타이르듯, 일부러 소리 내어 되뇌었다.

"모든 것은 하나님이 하시는 일이기에 저희는 최선을 다할 뿐입니다."

그렇다면 앞의 이야기에서 양초와 수탉, 당나귀가 의미하는 것은 무엇일까? 랍비 아키바가 활동하던 시대 상황과 유대인의 신앙관을 바탕으로 생각해보자. 랍비 아키바가 살았던 시기는 로마제국과 유대인 사이의 전쟁이 치열할 때다. 수년에 걸친 전쟁 끝에 로마제국은 예루살렘 성전을 파괴하고 불태웠으며, 저항군을 끝까지 추격하여 십자가형에 처했다. 이토록 참혹했던 시기에 유대인의 정신적 스승이 되어주었던 인물이 바로 랍비 아키바였다.

양초는 어둠 속에서 불을 밝힌다. 양초 덕분에 유대인은 해가 진 후에도 율법서인 토라(모세5경) 공부를 할 수 있다. 로마제국은 유대인에게 토라를 버리고 로마제국에 동화되라고 강요했다. 촛불이 돌풍에 꺼졌다는 것은 더 이상 토라 공부를 하지 못하게 된 당시의 상황을 의미한다.

수탉은 무엇보다 아침을 가장 먼저 맞이하면서 힘찬 울음소리로 주변을 깨우는 가축이다. 유대인은 로마제국으로부터 해방되기를 간절히 바라면서 새로운 날이 밝아오기를 기다리듯, 이른 새벽 수탉의 울음소리를 기다렸을 것이다. 수탉이 고양이에게 잡아먹혔다는 것은 언젠가 로마제국으로부터 해방될 것이라는 희망마저 꺾였음을 의미한다.

유대교 전통에서 메시아는 어린 나귀를 타고 오신다고 전해진다. 말을 타고 오는 사람은 권세와 재력과 무력을 상징했다. 몸집이 큰 말을 타면 사람들을 내려다보게 되기 때문이다. 반면에 당나귀는 다리도 짧고 몸집도 작다. 당나귀를 타고 오는 사람은 땅에 서 있는 사람과 눈높이가 비슷하다. 즉 어린 나귀는 힘과 무력이 아닌 평화와 겸손을 상징한다. 평화와 겸손의 메시아를 기다리는 마음이 유대교 신앙의 근원이다. 따라서 당나귀가 사자에게 잡아먹혔다는 것은 로마제국이 유대인의 신앙을 송두리째 짓밟았음을 의미한다.

이런 추론을 종합해보면, 앞의 이야기에서 랍비 아키바가 겪은 일들이 더욱 큰 역경으로 다가온다. 예루살렘 성전이 불타버렸을 때, 반(反)로마 저항운동이 로마제국의 무력 앞에 무릎을 꿇어갈 때, 또 수천 년 내려온 유대인의 신앙을 지켜낼 힘이 점점 사라져갈 때 유대인은 더 이상 희망을 찾기가 어려웠을 것이다. 마치 거대한 돌무더기에 깔린 것처럼 절망과 두려움 속에서 숨쉬기도 벅찼을 것이다. 그럼에도 불구하고 랍비 아키바는 계속해서 기도했다. "모든 것은 하느님이 하시는 일이기에 저희는 최선을 다할 뿐입니다."

아이의 '역경지수'를 높이자

❖

동양의 옛사람들은 어려운 일에 부딪힐 때 '진인사대천명(盡人事待天命)'이라는 문구를 마음에 새겼다. 진인사대천명은 "사람으로서 해야 할 일을 다하고, 하늘의 명을 기다린다"는 의미다. 인간이 노력을 다한 후에야 하늘의 뜻은 드러날 수 있다는 말이다. 랍비 아키바의 기도문과 '진인사대천명'은 자신이 할 수 있는 일에 최선을 다한다는 공통점이 있다. '최선(最善)'의 사전적 의미를 살펴보면, "가장 좋고 훌륭함, 온 정성과 힘"이라고 정의한다. 온 정성과 힘을 다한 사람만이 최선을 다했다고 할 수 있으며, 그렇기에 결과를 담대하게 받아들일 수 있다는 의미일 것이다.

컨설팅 회사 피크러닝(PEAK Learning)의 폴 스톨츠(Paul Stoltz) 박사는 역경을 극복하는 역량을 수치화한 '역경지수(AQ, Adversity Quotient)'를 창안했다. 그는 조사를 통해 역경지수가 높은 사람들의 주요 특징을 다음 세 가지로 정리했다.

1. 역경과 실패에 대해 다른 사람을 비난하지 않는다.
2. 실패를 돌아보며 자신을 탓하지 않고 스스로를 비하하지 않는다.
3. 자신이 직면한 문제는 그 규모와 기간이 무한하지 않기에 반드시 극복할 수 있다고 믿는다.

어려운 일이 닥쳤을 때 마음을 추스르고 그 시기를 지혜롭게 헤쳐 나갈 수 있는 가족의 지침이 있다면 가족 구성원이 삶을 살아나가는 데 큰 도움이 될 것이다. 탈무드에서 전하는 역경과 관련 있는 이야기를 바탕으로, 우리 가족만의 역경지수를 높이는 방법을 다음과 같이 정리해보았다. 각 가정에서도 부모와 자녀가 함께 실천할 수 있는 역경에 관한 인생 지침을 세워보자.

마음을 진정시키는 나만의 문장을 만들자

어려운 일에 맞닥뜨리면 사람은 당황하기 마련이다. 마음이 불안하다 보니 평소에 잘하던 일도 그르치곤 한다. 따라서 곤란한 상황일수록 요동치는 마음을 차분하게 가라앉히는 것부터 해야 한다. 랍비 아키바는 "모든 것은 하느님이 하시는 일이기에 저희는 최선을 다할 뿐입니다."라는 기도문으로 마음을 진정시켰다. 나도

이 문장을 되뇌며 평정을 되찾곤 했다.

성인이 되면 고난은 늘 찾아온다. 출근길과 퇴근길에 '오늘도 무사히'를 기도하는 게 이 시대 어른들의 일상이다(특히 대한민국의 가장이라면 이 말에 깊이 공감할 것이다). 나는 일상 속 크고 작은 고난이 덮칠 때, 불안과 두려움이 엄습할 때면 "주님, 저희를 불쌍히 여기소서."라는 짧은 기도를 여러 번 반복해서 되뇐다. 이 짧은 기도문을 조용히 소리 내어 반복해서 말하면 신기하게도 마음이 편안해진다.

기도문을 한 가지 더 소개하자면, "너 어디 있느냐?"(창세기 3:9)라는 구절이다. 이것은 2012년에 140여 일 동안 파업을 지속하면서 두려움에 떨며 한없이 흔들리던 내 영혼을 잡아준 나만의 인생 문장이다.

삶은 고난의 연속이다. 자녀에게 마음의 평안을 주는 자신만의 문장을 만들 수 있도록 도와주자. 통제할 수 없는 상황에서 아이는 그 문장을 되뇌며 마음을 진정시키기 위해 노력할 것이다. 나만의 문장은 자신을 찾는 하나의 열쇠이자 고요한 내면으로 들어가는 주문이 되어줄 것이다.

내 힘으로 할 수 있는 일과 할 수 없는 일을 구분하자

곤란한 일이 닥쳤을 때 당황스럽고 불안한 마음을 진정시켰다면, 그다음에는 차분히 자신을 돌아보는 시간을 갖자. 고요히 집중하여 '내가 할 수 있는 일'과 '내 힘으로 할 수 없는 일'을 구분해보는 것이다. 이때 내가 할 수 있는 일이라면 최선을 다해 실행하면 된다. 반대로 깊이 생각해봐도 내가 할 수 없는 일이라는 판단이 서면, 전문적인 상담이나 주위 사람에게 도움을 요청하여 문제를 파악하도록 하자.

통제할 수 없는 상황은 받아들이자

내가 할 수 있는 일에 온 힘을 기울이고, 내 힘으로 해결할 수 없는 일의 경우 다른 사람의 도움을 받는다고 해도 랍비 아키바의 상황처럼 어쩔 수 없는 일들이 있다. 이럴 때는 자신의 처지를 비관하거나 탓하지 말고 상황을 있는 그대로 받아들이자. 온전히 상황을 받아들이는 것만으로도 감정에 압도되지 않고 마음의 안정을 찾을 수 있고, 그러다 보면 조금씩 앞을 내다볼 수 있게 될 것이다.

결과는 겸허하게 받아들이자

탈무드에 수록된 이야기에서 알 수 있듯이, 유대인 부모는 일의 결과에 대해 칭찬하기보다 과정에 대해 격려하는 것을 더욱 중요시한다. 부모가 결과에 의연한 태도를 보인다면, 자녀도 자연스럽게 그런 태도를 배울 것이다. 자녀에게 과정에 충실하되 결과는 있는 그대로 받아들이는 모습을 보여주자. 결과가 좋지 않은 경우라도 다음을 기약하고 마음을 더 단단히 하는 기회로 삼으면 된다는 것을 알려주자.

역경은 자신을 발견하는 문이다

❖

우리의 조상 아브라함*은 열 가지 역경에 처했고, 이 모든 역경을 견뎌냈다. 그리하여 우리는 아브라함에 대한 신의 사랑이 얼마나 위대한지 알 수 있다.

–아보트 5:3

아브라함은 유대교뿐만 아니라 이슬람교, 기독교 모두에 대해 '믿음의 조상'이자 참된 신앙인으로 존경받는 인물이다. 아브라함은 칼데아 우르(Chaldea Ur: 현재의 이라크 지역) 출신이다. 그의 고향 우르는 수메르 문명권 중에서도 매우 발달한 도시국가였다. 아브라함은 75세에 하느님의 명을 받고 문명 도시였던 칼데아 우르를 떠나 미지의 땅으로 떠났는데, 이때부터 수많은 시련과 고난을 겪게 된다. 풍요로운 고향을 떠난 아브라함에게 역경은 끝도 없이 밀려들었다. 그렇지만 아브라함은 변함없이 하느님을 믿었고, 하느님은 아브라함의 올곧은 믿음을 보고 그를 향해 지속적으로 축복과 언약을 해주셨다고 한다.

아브라함이 고향을 떠나 처음 역경에 처했을 때는 두려움에 소

* 아브라함(Abraham)은 노아(Noah)의 10대손으로, 구약 성경 '창세기'에 기록된 이스라엘 민족의 조상으로 알려져 있다.

심하고 비굴한 모습을 보이기도 했다. 하지만 계속되는 고난을 견뎌내면서 점차 성숙한 인간으로 거듭났다고 한다. 성경을 보면 아브라함은 하느님의 복을 받은 사람이며, 정의와 공정을 실천하는 아브라함의 후손에게는 그 복이 전달될 것이라는 내용이 담겨 있다. 이처럼 아브라함을 믿음의 조상으로 성장시킨 배경은 풍요로운 환경이 아니라 수많은 역경이었다. 역경들을 하나씩 버티고 견뎌내면서 그가 몸소 보여준 삶의 가치는 지금까지도 후손들에게 전해지고 있다.

아브라함의 역경과 성장을 마음에 새기고 있는 유대인들은 결핍과 실수를 긍정적으로 인식한다. 히브리어 '짜딕(tzadik)'은 '의로운 사람'을 뜻하는 동시에 '대단히 현명하고 존경받는 사람'을 말하는데, 고대 유대인의 언어에서 짜딕은 '새로운 실수를 하는 사람'을 의미했다. 유대인 역사에서 가장 위대한 토라 해석가로 불리는 랍비 마이모니데스*는 '회개'의 최종 단계를 "동일한 상황에 처한 자신을 발견하는 것이며, 같은 실수를 반복하지 않는 것"이라고 설파했다. 사람은 대개 같은 실수를 반복하는데, 그것을 인지하고 같은 실수의 패턴에서 빠져나오려는 것이 바로 회개라는 것이다. 실수

* 이 글에서 랍비 마이모니데스(Maimonides)는 '랍비 모세 벤 마이몬(Moses ben Maimon)'을 일컫는다. 그는 중세에 가장 큰 영향력을 끼친 토라 연구자일 뿐만 아니라 철학자이자 의사였으며(당시 이슬람 최고 통치자 술탄 살라딘의 주치의였다), 천문학과 물리학 분야에도 뛰어났다.

를 또 할 수도 있지만, 한 발 더 나은 모습을 향해 용기를 내어 나아가는 사람이 곧 의로운 사람이라는 뜻이다.

랍비 마이모니데스가 제2의 모세로 불리며 존경받는 인물로 성장한 과정에서도 역경을 빼놓고는 설명할 수 없다. 그는 무자비한 종교 탄압과 30여 년에 걸친 힘겨운 난민 생활, 그리고 애절한 가족사를 겪어내면서도 자신의 길을 향해 꿋꿋이 나아갔다. 랍비 마이모니데스는 그런 고통 속에서도 자신의 내면이 가리키는 길을 잃지 않았다. 그는 유대 전통 신앙을 체계적으로 정리하면서도 철학과 이성, 종교가 서로 충돌하지 않고 조화할 수 있다는 가능성을 실현하기 위해 노력했다. 그것이 자신이 가야 할 길이라고 보았다. 그리하여 랍비 마이모니데스는 마침내 숱한 역경을 딛고 유대 율법을 체계적으로 정리한 최초의 율법 해석서인《미슈나 토라》를 펴냈다. 그리고 유대 철학사에서 가장 중요한 책으로 꼽히는《방황하는 사람들을 위한 안내서(The Guide to the Perplexed)》를 집필해냈다.

부모의 삶이 그러했듯 자녀 역시 자라면서 역경을 피할 수 없다. 그렇다면 자녀가 어려운 일에 닥쳤을 때 부모는 어떻게 해야 할까? 자녀가 어려운 상황에 처했는데 부모가 문제를 모두 해결해준다면, 자녀는 스스로 성장할 기회를 놓치게 될 것이다. 반대로 자녀의 어려움을 방관만 하면 이 또한 부모의 역할을 했다고 볼 수 없다. 자녀가 역경을 헤쳐 나가면서 보여주는 깜냥, 즉 자녀의 능력과 성격에 따라 부모의 역할을 조절해야 한다.

조너선 하이트(Jonathan Haidt)와 그레그 루키아노프(Greg Lukianoff)는 그들의 공저《나쁜 교육(The Coddling of the American Mind)》에서 미국 아이들의 땅콩 알레르기에 관한 독특한 분석을 사례로 들었다. 땅콩 알레르기가 있는 미국의 8살 미만 아이들이 1990년대 중반에는 1,000명당 4명에 불과했는데, 2008년에 14명으로 증가했다는 것이다. 왜 그런지 이유를 연구해봤더니, 땅콩이 문제가 아니라 부모와 교사들의 '보호'가 문제였다. 교사와 부모들이 아이들의 안전을 위해 어떻게든 땅콩에 노출되지 않도록 보호하다 보니, 아이들은 땅콩에 대한 알레르기성 면역 반응을 키워낼 기회가 원초적으로 박탈되었다는 것이다. 적절한 위험에 노출될 때 면역력이 키워지고, 질병에 걸리지 않기 위해 백신을 맞아야 하는 이치다.

자녀에게 도움을 주면 줄수록 부모는 자녀에게 간섭을 많이 하게 마련이고, 결국 자녀는 점점 더 부모에게 의존하게 된다. 과연 부모가 자녀에게 바라는 것은 무엇일까? 자녀가 스스로 자립하여 자신의 인생을 자유롭게 살아가는 것이 아닐까. 그렇다면 자녀가 낯선 경험이나 어려운 상황에 처했을 때 무작정 지원하기보다는 결핍도 인정할 수 있어야 한다. 앞으로 자녀들이 살아갈 시대는 결코 부모 세대 같은 경제 성장을 기대할 수 없다. 결핍과 어려움을 견디는 경험 없이 안전한 울타리 안에서 자란 아이는 쉽게 상처받고 좌절에 빠질 것이다.

인간은 살면서 잘못 판단하기도 하고, 윤리적이지 못한 선택을 하기도 한다. 이때 잘못된 행동 패턴에서 벗어나 그 잘못을 반성하고 실패에 맞서 다시 시도하는 노력은 삶의 여정에서 매우 중요하다. 유대인은 실수, 결핍, 잘못된 점을 받아들이고 개선하려는 태도야말로 개인(그리고 공동체)을 성장시키는 중요한 요소라고 본다.

자기 주도적인 아이로 키우려면 아이가 외부에 의존하지 않고 스스로 결정하는 것을 경험해봐야 한다. 어떤 일이든 아이가 스스로 고민하고 선택할 수 있어야 한다. 안타깝지만 실패도 하고 후회도 경험할 수 있어야 한다. 아이의 자존감은 자신에게 닥친 어려움을 하나씩 스스로 해결해 나갈 때 성장한다.

미국의 비교신화학자 조지프 캠벨(Joseph Campbell)은 "역경은 나를 발견하는 문"이라고 말했다. 우리 내면 깊숙한 곳에 어떤 가능성의 씨앗이 숨겨져 있는데, 역경을 겪을 때 비로소 그 씨앗이 모습을 드러낸다고 설명한다. 역경이 자기 내면의 새로운 능력을 만나는 계기를 제공해주는 것이다. 내면을 들여다보며 자신의 본성을 어루만져본 사람은 역경이 닥쳤을 때 오히려 그로부터 에너지를 내어 내면의 씨앗을 발아시키는 데 사용한다. 이처럼 자신의 내면을 깊이 탐험해본 사람은 자기 인생의 진정한 창조자로 살아갈 수 있다.

7.

세상 속으로 아이를 떠나보내라

성장에

대하여

랍비 나흐만*이 스승인 랍비 이츠하크**와 식사를 하고 나서 말했다. "선생님, 축복을 빌어주세요!"

랍비 이츠하크가 말했다. "한때 사막을 여행하던 여행자가 있었다. 지치고 배고프고 목이 말라 샘에 이르렀을 때, 그는 열매가 풍성하게 달린 나무를 발견했다. 그 아래에는 맑고 시원한 샘물이 흐르고 있었다. 그는 나무 열매를 따 먹고, 나무 그늘에서 쉬고, 나무 아래 샘물로 갈증을 해소했다. 다시 여행을 떠나려고 할 때, 그는 나무에게 이렇게 말했다. '자애로운 나무여, 내가 무슨 말로 너를 더 축복할 수 있겠느냐? 네게 이보다 더 좋은 열매가 맺히기를 바랄 수 없고, 네 곁에 흐르는 맑은 샘물도 축복 그 자체다. … 나는 너의 모든 자손이 너처럼 선하기를 기도하겠다.' 그러니 나의 제자여, 축복이 이미 너와 함께 있느니라. 내가 어떻게 너를 더 축복할 수 있겠느냐? 네 자손이 모두 너처럼 훌륭할 수 있도록 신께서 허락해주시기를."

—타니트 5b~6a에서 발췌

* 이 글에서 랍비 나흐만(Nachman)은 '랍비 나흐만 바르 야코브(Nachman bar Yaakov)'를 일컫는다. 그는 아모라임 3세대 랍비다.

** 이 글에서 랍비 이츠하크(Yitzhak)는 '랍비 이삭 나파하(Isaac Nappaha)'를 일컫는다. 그는 아모라임 2세대 랍비로, 랍비 나흐만의 스승 중 한 명이다.

❖

랍비 나흐만은 유대인 공동체 조직 가운데 하나인 네하르데아(Nehardea) 학파의 수장이자 최고재판관을 지냈다. 그는 매우 부유했으며, 랍비와 이방인을 가리지 않고 집으로 초대해 대접하곤 했다. 스승인 랍비 이츠하크가 제자인 랍비 나흐만의 집에서 식사를 마치고 돌아가기 전, 나흐만은 이츠하크에게 축복의 기도를 청하며 스승의 지혜를 들려줄 것을 바랐다.

랍비 나흐만은 그가 가진 것을 이웃과 나눌 줄 알았고, 토라 공부를 게을리 하지 않았으며, 자손이 많았다. 이에 랍비 이츠하크는 '여행자의 나무' 이야기에서 제자 나흐만을 나무에 비유하여 나흐만의 자손이 모두 그처럼 되기를 빌어주었다.

자녀는 그 자체로 충분한 존재이며 축복의 대상이다. 랍비 이츠하크의 기도에서 랍비 나흐만을 다음과 같이 '자녀'로 바꾸어 읽으면 그 의미가 더욱 명확해진다.

"나의 자녀여, 축복이 이미 너와 함께 있느니라. 내가 어떻게 너를 더 축복할 수 있겠느냐?"

우리 아이 어떻게 놓아주어야 할까?

❖

혼자서는 아무것도 할 수 없는 존재로 태어난 갓난아기가 스스로 성장하는 존재가 되기 위해서는 양육자가 반드시 필요한 시기가 있다. 부모는 이 시기에 잠시 어린 자녀를 맡아 기르는 존재다. 자녀는 적절한 때에 부모와의 애착을 끊고 다른 세상으로 나아가야 한다. 이러한 자립이 불가능하면 자녀는 유아기 어느 시점에 묶여 더 이상 성장하지 못하게 된다.

애벌레가 나비가 되는 과정을 살펴보면, 겉보기와 달리 번데기 속에서는 다양한 화학변화가 일어난다. 꿈틀대며 몸 전체를 완전히 다른 형태로 변형하는 과정을 겪는다. 애벌레 시기에 없던 날개와 더듬이가 생기면서 점차 나비의 몸이 되는 것이다. 이 모든 과정을 어미 성충의 개입 없이 오직 애벌레의 힘으로만 해내야 건강한 나비가 될 수 있다. 우리의 자녀도 마찬가지다. 스스로의 힘으로 성장해야 보다 건강한 성인이 될 수 있다.

부모는 자녀가 스스로 성장할 수 있도록 기다리고 지켜봐주어야 한다. 자녀가 실패하거나 고통을 당하지 않도록 미리 길을 닦아두는 것은 부모의 할 일이 아니다. 자녀가 실패를 경험하고 시행착오를 겪으면서 자신의 길을 찾아 나설 수 있도록 격려해야 한다. 자녀를 키우는 일은 궁극적으로 부모로부터 자녀를 독립시키는 일이 되어야 한다. 부모 또한 자녀로부터 독립해야 한다는 뜻이다. '어떻게 엄마의 사랑을 잃어야 하는가'라는 부제가 인상적인 이수련의 저서《잃어버리지 못하는 아이들》에 따르면, 엄마가 아이 때문에 살아서는 안 되고, 아이가 있으니 남편은 없어도 되는 존재가 되어서는 안 된다고 말한다. 엄마로서 아이에게 해주어야 할 역할은 아이를 엄마의 옆자리에서 떠나보내는 것이라고 말한다. 그래야 아이가 세상에서 자신의 자리를 마련할 수 있다고 강조한다.

성장이란 애벌레가 번데기 시기를 거쳐 나비가 되듯이, 자녀가 작은 세상을 떠나 조금씩 부족한 자신을 채우며 큰 세상으로 나아가는 과정이다. 자녀가 제대로 성장하기 위해서는 부모의 사랑을 잃고 스스로 욕망하는 존재가 되어야 한다. 부모의 품을 박차고 나가 자신의 세상을 만나는 것이 진정한 성장이다.

랍비 메이어*와 브루리아(Bruriah) 부부의 '두 아들' 이야기는 부모가 자녀를 어떻게 대해야 하는지 돌아보게 한다. 랍비 메이어뿐만 아니라 아내 브루리아는 할라카(탈무드 중 구전 율법 내용)와 하가다(탈무드 중 비율법적 내용)에 관해 폭넓은 지식을 갖추어 사람들의 존경을 받았다. 이 부부에게는 두 아들이 있었는데, 안식일에 아들을 모두 잃는 비통한 일을 겪었다.

* 이 글에서 랍비 메이어(Meir)는 '랍비 메이어 바알 하네스(Meir Baal HaNes)'를 일컫는다.

랍비 메이어가 집에 없는 동안 두 아들이 죽었다. 아내 브루리아는 남편이 돌아오자 슬픔을 가슴에 묻고 그에게 말했다. "매우 진귀한 보석 두 개를 보관한 지 얼마 되지 않았는데, 맡긴 사람이 오늘 그 보석을 가져가겠다고 해요. 돌려줄까요?"

랍비 메이어가 말했다. "우리는 항상 우리에게 잠시 맡겨진 모든 것을 기쁜 마음으로 돌려주어야 합니다."

그러고 나서 랍비 메이어는 두 아들을 찾았고, 브루리아는 메이어의 손을 잡고 아들의 방으로 인도했다. 랍비 메이어는 죽은 아들들을 보자 진실을 깨닫고 몹시 슬피 울었다.

브루리아가 말했다. "신은 우리에게 이 보석들을 주셨으며, 잠시 우리에게 맡기셨습니다. 이제 그분이 요구하시므로 우리는 돌려드려야 합니다."

—H. 폴라노, 《탈무드》, 227쪽 중에서 발췌

자녀와 부모 모두를 위해 우리는 놓아주기 연습을 해야 한다. 그 연습은 아이가 태어나는 순간부터 자녀를 부모의 소유물이 아닌 인격체로 대하는 것으로부터 시작되어야 한다. 또한 어린 자녀가 지식과 경험이 부족하다고 해서 부모가 대신 결정해주는 일을 삼가야 한다. 자녀의 안전에 관한 일을 제외하고는 자녀에게 명령하거나 금지하지도 말자. 자녀의 미래를 미리 결정하여 '자라서 무엇이 되어야 한다'라고 강요해서도 안 된다. 자녀가 스스로 자신의 세상을 만들어갈 수 있도록 격려해야 한다. 부모는 자녀라는 나무가 깊게 뿌리내리고 넓게 가지를 뻗을 수 있도록 시간과 공간을 내어 주기만 하면 된다. 자녀가 자신의 삶에 행복을 느끼고 공동체에 기여하는 건강한 시민으로 성장하는 과정을 지켜보는 것이다.

누가 뭐래도 내 길을 가는 아이로 키우자

❖

뇌과학자 김영훈은 뇌의 보상중추 기능을 예로 들면서 사춘기 아이의 뇌는 초등학교 저학년 시기의 뇌와 다르다고 말한다. 초등학교 저학년 아이의 뇌는 칭찬에는 반응을 보이지만 처벌에는 반응을 보이지 않는다고 한다. 반면에, 사춘기가 시작되는 초등학교 고학년 아이의 뇌는 보상중추 기능이 제대로 작동하지 않아 칭찬에도 처벌에도 아무런 반응을 보이지 않는다는 것이다. 스스로 선택하고 판단한 내적인 동기부여만이 사춘기 자녀를 행동하게 만든다는 뜻이다. 사춘기 이전에는 칭찬으로 자녀를 이끌되, 사춘기 이후에는 자녀가 내적 동기에 의해 행동할 수 있도록 믿고 기다려야 한다.

교육학 분야에는 '학습권'이라는 용어가 있다. 《교육학 용어사전》에서는 학습권을 "인간은 누구나 자유로운 성장과 자아실현을 위하여 필요한 학습을 추구할 권리를 가지고 있다. 어느 누구도 다른 사람의 학습을 가로막거나 제한할 권리는 없다."라고 정의한다. 또한 헌법재판소는 학습권에 대해 "학습자로서 아동과 청소년은 되도록 국가의 방해를 받지 않고 자신의 인격, 특히 성향이나 능력을 자유롭게 발현할 수 있는 권리가 있다."라고 밝히고 있다. 이렇듯 성장의 주체인 자녀가 자신의 적성과 취향에 맞게 커리큘럼을 만들고 학습 방식을 결정할 수 있도록 가정에서도 자녀의 학습권을 보호해야 한다.

"제 꿈과 부모님의 꿈이 달라서 고민입니다. 어떻게 해야 할까요?" 중학교에서 강연할 때면 자주 듣는 질문이다. 성장 소설《누가 뭐래도 내 길을 갈래》의 저자 김은재는 작가의 말에서 "여러분이 눈을 크게 뜨고, 세상이 만들어 놓은 틀과 선을 훌쩍 뛰어넘을 수 있는 사람이 되기를 바랍니다. 공부에 끌려다니기보다는 하고 싶은 공부를 찾아서 할 수 있게 되기를 바랍니다!"라고 밝혔다. 마찬가지로 나는 위와 같은 질문을 하면 이렇게 답한다.

"누가 뭐래도 네 꿈을 선택해!"

아이들이 세상이 만들어 놓은 틀을 훌쩍 뛰어넘을 수 있는 그 첫 번째 대상이 부모였으면 좋겠다. 모든 아이가 자신을 믿고 스스로 만든 길로 걸어가길 바란다. 남과 같은 길을 가며 남과 자신을 비교하고 남을 넘어서려 노력하기보다는, 자기 자신을 넘어서기 위해 노력하는 사람이 되면 좋겠다. 부모의 품을 벗어나 자신의 세상으로 훨훨 날아가길 바란다.

2장

더불어 사는 삶의 지혜 배우기

진리와 지혜의 탈무드 인성 교육

❖

공동체로부터 자신을 분리하지 말라.

죽는 날까지 자신을 믿지 말라.

친구의 입장이 되어보기 전에 친구를 판단하지 말라.

어떤 일이 일어날 수 없다고 말하지 말라. 결국 그 일이 일어날 수 있다.

–아보트 2:4

건방진 자는 죄를 두려워하지 않으며, 무지한 자는 경건하지 않다.

소심한 자는 배울 수 없으며, 조급한 자는 가르칠 수 없다.

일에 지나치게 몰두하는 자는 지혜로워질 수 없다.

사람이 없는 곳에서 사람이 되기 위해 노력하라.

–아보트 2:5

앞의 구절은 탈무드 네지킨의 아보트 2장 4절과 5절로 랍비 힐렐의 말을 전한다. 1장에서 잠깐 언급했듯이, 아보트 2장 4절에서는 개인이 삼가야 할 일에 대해 강조한다. 뒤이어 아보트 2장 5절에서는 삶의 태도에 대해 말하는데, 앞의 모든 구절을 아우르는 듯한 마지막 구절이 매우 인상 깊다.

"사람이 없는 곳에서 사람이 되기 위해 노력하라."

위 마지막 구절에서 '사람'이란 어떤 사람을 말하는 것일까? 랍비 힐렐이 전하려는 바를 잘 이해하기 위해서는 다음과 같이 사람을 '멘쉬(mensch)'로 바꾸어보면 이해가 쉽다.

"멘쉬가 없는 곳에서 멘쉬가 되기 위해 노력하라."

'멘쉬'란 중앙 유럽 및 동부 유럽에서 쓰이던 유대인 언어인 이디시어로 '좋은 사람'을 뜻한다. 유대인 작가 레오 로스텐(Leo Rosten)은 멘쉬를 "존경하고 본받을 만한 사람, 고귀한 인격을 가진 사람"이라고 설명한다.

유대인 청소년은 성인식인 바르 미츠바(bar mitzvah)* 에서 "오늘 저는 성인이 되었습니다."라고 선언한다. 여기서 성인은 곧 '멘쉬'를 뜻하며, 성인이 된다는 것은 멘쉬가 된다는 것과 같은 의미다. 멘쉬

* 유대교 율법에 따르면 유대인 남자의 경우 열세 살, 여자는 열두 살이 되면 각자의 행동에 책임을 질 나이가 되었다고 여긴다. 이에 따라 성인식을 행하고, 남자는 "바르 미츠바가 되었다", 여자는 "바트 미츠바(bat mitzvah)가 되었다"라고 표현한다.

가 되는 것은 개인의 성장을 위한 지침일 뿐만 아니라, 유대인 부모에게 자녀 교육의 궁극적인 목표다.

유대인 사회의 멘쉬와 마찬가지로, 우리 사회에는 '홍익인간(弘益人間)'이라는 이념이 있다. 최문형 성균관대학교 초빙교수의 논문 〈'홍익인간' 교육이념의 인간상과 한국 교육의 지향처〉에 따르면, 홍익인간이란 "지금, 여기에서 모든 존재를 포용하고 모든 경우와 공존하여 공동체를 행복으로 이끄는 사람"을 말한다. 또 교육기본법 제2조 교육이념에는 "홍익인간의 이념 아래 모든 국민으로 하여금 인격을 도야하고, 자주적 생활 능력과 민주 시민으로서 필요한 자질을 갖추게 함으로써 인간다운 삶을 영위하게 하고, 민주 국가의 발전과 인류 공영의 이상을 실현하는 데에 이바지하게 함을 교육의 목적으로 한다."고 명시되어 있다.

우리나라 교육의 지향점은 공동체를 생각하고 타인을 배려하며 내가 가진 것을 나누어 도울 줄 아는 인간의 완성, 즉 홍익인간의 양성으로 요약할 수 있다. 유대인 사회의 멘쉬와 통하는 지점이다. 그렇지만 유대인 사회에서 멘쉬를 양육의 목표로 삼는 반면에, 우리 사회에서 홍익인간의 교육이념이 잘 실현되고 있지는 않은 것 같다. 그저 역사 수업 시간에 고조선의 건국이념으로 '널리 인간을 이롭게 하라'라고 배우고 끝나는 실정이다.

많은 학자들과 각계각층의 전문가들은 미래 사회는 '지능정보 및 다문화 사회'가 될 것이라고 전망한다. 자녀 세대가 살아갈 미래 사회의 큰 변화를 이끌 양대 축으로 4차 산업혁명과 다문화를 꼽고 있다. 정보기술이 급격히 발전하면서 인공지능(AI)은 인간보다 빠르고 논리적이며 정확해졌으며, 지능형 로봇이 인간 역할의 많은 부분을 대체하고 있다. 이런 진보된 디지털 사회로의 변화 흐름으로 대표되는 개념이 바로 4차 산업혁명이다. 또한 우리나라 전체 학교의 다문화 학생 비중이 2010년에 0.44%에서 2018년에는 2.18%로 7년 동안 그 비중이 약 5배 증가했다.

요약하자면, 우리 자녀들은 기계와 인간이 공존하며 다양한 문화권의 사람들이 함께 협업하는 세상을 살아갈 것이다.

기계와 인간이 공존하는 시대에는 역설적으로 '인성 교육'의 중요성이 더욱 커질 것이다. 인성이란 기계가 대신할 수 없는 영역이기 때문이다. 언어와 문화가 서로 다른 사람들이 함께 있을 때 갈등을 중재하고 화합을 이끌어내는 것도 인성의 역할이다. 하지만 우리나라의 공교육 현장에서는 인성 교육보다 4차 산업혁명만 강조하는 실정이다. 일례로 초등학교에 코딩 과목이 추가되는 등 기계와 친하게 하려는 시도들만 눈에 띈다. 아이들 사교육 시장만 더 커진 셈이다. 이에 비해 다문화 학생에 가해지는 차별과 배제를 막기 위한 보다 구체적인 노력은 찾기 어렵다.

그렇다면 인성 교육을 위해 가정이나 사회에서는 어떤 노력을 해야 할까? 탈무드에서 그 해답을 구해보자. 유대인에게 가정은 인성 교육의 장이다. 유대인은 어릴 때부터 교리와 신앙으로 선한 행동을 강조함으로써 멘쉬를 길러낸다. 이렇게 교육된 멘쉬들은 서로 도우면서 공동체를 이끈다. 앞에 제시한 아보트 2장의 힐렐의 말 중에 몇 가지 구절을 살펴봄으로써 그 지혜를 찾아보자.

공동체로부터 자신을 분리하지 말라

우리 사회는 유독 개인의 성취와 성공에 집착한다. 그렇다 보니 점점 더 '나'에 집중하고 '우리'를 잃어간다. 인성이란 더불어 사는 능력이다. 3분의 1은 나를 위해, 3분의 1은 가까운 이웃을 위해, 3분의 1은 어려운 이웃을 위해 마음을 쓰는 노력이 필요하다. 우리를 위해 기꺼이 나를 나눌 수 있는 태도가 필요하다.

죽는 날까지 자신을 믿지 말라

유대인 교사는 아이들에게 '자신을 믿으면 스스로 우상이 된 것이다'라고 가르친다. 자기 신뢰와 자신감을 중요시하는 우리나라 교육의 방향성과 정반대다. 언론에서 공직자의 부패와 비리를 다루는 보도가 끊이지 않는 요즘 탈무드의 이 같은 가르침은 더욱 절실하게 다가온다. 자신에 대한 경계를 놓치는 순간 인간은 누구나 사리사욕의 노예가 될 수 있다. 청렴과 겸손한 마음을 잃지 않기 위해 스스로 경계하는 유대인의 마음가짐을 배울 필요가 있다.

친구의 입장이 되어보기 전에 친구를 판단하지 말라

다른 사람의 마음을 이해하기는 어렵지만, 최소한 다른 사람의 입장이 되어보는 상상을 함으로써 그 사람을 이해하는 연습을 할 수 있다. 일상에서 의도적으로 '만약 …라면 어떻게 할까?'라고 자문해보는 것이다. 예를 들어 '만약에 엄마가 아프면, 나는 어떻게 엄마를 도와야 할까?'라는 상상을 통해 엄마의 입장이 되어볼 수 있다. 마찬가지로 '만약에 친구와 말싸움을 했다면, 친구의 기분은 어떨까?'라는 상상을 해봄으로써 친구의 입장이 되어볼 수 있다. 이처럼 다른 사람의 입장을 이해하려고 노력하는 것만으로도 공감하는 능력을 키울 수 있다.

소심한 자는 배울 수 없으며, 조급한 자는 가르칠 수 없다

가정에서 할 수 있는 최고의 인성 교육은 부모의 솔선수범이다. 자녀를 멘쉬로 키우는 가장 좋은 방법은 부모가 멘쉬가 되는 것이다. 배우기 위해서는 용기가 필요하고, 가르칠 때는 인내가 필요하다. 자녀에게 일방적으로 지시하기보다는 부모가 먼저 용기 내어 배우고 가족 간에 소통하면서 서로 가르쳐준다면, 자녀는 그 모습을 본보기로 삼아 부모의 행동을 따라 할 것이다.

일에 지나치게 몰두하는 자는 지혜로워질 수 없다

탈무드를 읽으면서 가장 와 닿았던 구절 중 하나는 "몸이 필요로 하는 것 외에는 욕망하지 말라. 몸 없이 살 수 없다. 일에 집착하지 말라. 일하는 이유가 삶의 필수품을 확보하는 것뿐임을 기억하라."(아보트 1:4)였다. 일하기를 즐겨 하고 워커홀릭 증상이 있는 나는 일에 집중하느라 소중한 것을 놓친 경우가 많았다. 어린 자녀를 보살피고 놀아주는 일에 소홀히 한 것이 대표적이다. 자연을 돌보는 일 또한 마찬가지다. 이런 일은 매우 소중한 일임에도 후순위로 밀리곤 했다. 놀이터에서 아이들과 놀고, 자연을 위해 쓰레기를 줍고, 나무를 심고, 동물과 공존하기 위한 노력을 실천하는 것은 일하는 것만큼 중요하다. 일상에서 삶과 일이 균형을 이룰 수 있도록 질문하고 해답을 찾는 과정을 반복해야 하는 이유다.

우리 부부는 맞벌이하느라 두 아이와 떨어져 지낸 시기가 있다(큰아이가 일곱 살, 작은아이가 세 살 때까지 떨어져 지냈다). 그러던 중 큰아이가 여덟 살, 작은아이가 네 살이던 때, 우리 가족에게 위기가 닥쳤다. 두 아이가 입버릇처럼 "엄마 싫어! 아빠 싫어!"를 말하곤 했기 때문이다. 두 아이의 변화가 걱정되어 우리 부부는 소아정신과 문을 두드렸다. 일하느라 바빠서 어린 자녀를 제대로 챙기지 못한 우리에게 전문의는 간단한 처방 한 가지를 말해주었다. 바로 "표현하라"는 것이었다. 부모가 표현하지 않으면 어린 자녀는 부모의 마음을 모른다. 마음을 담아 자녀에게 '사랑한다', '고맙다'고 표현해야 한다. 그날 이후로 우리 부부는 하루도 빠짐없이 두 아이에게 사랑을 표현했다. 감사하게도 불과 1년 사이에 두 아이 모두 사랑을 표현할 줄 아는 아이들이 되었다.

무엇보다 가정이 인성 교육의 주체가 되어야 한다. 앞에서 예로 들었듯이 인성 교육은 실천하기 어렵고 거창한 것이 아니다. 부모와 자녀 사이에 사랑을 표현하고, 대화를 나누는 것으로 시작할 수 있다. 매일 밤 잠자기 전에 자녀에게 사랑한다고 말해주자. 바쁜 일과 때문에 아이의 잠든 모습만 보는 부모라면, 문자메시지나 카카오톡 같은 메신저로 사랑의 말을 표현해보자. 특히 어린 자녀라면 하루에 한 번 이상 사랑하는 마음을 전할 수 있도록 노력하자. 또한 자녀에게 '고맙다'는 표현을 자주 하자. 작은 일에도 구체적인 이유를 들어 고마운 마음을 전하자. 반대로 부모가 잘못했을 때는 주저하지 말고 '미안하다'고 말하자. 말로만 사과하지 말고, 미안한 일이 다시 생기지 않도록 관계를 개선하기 위해 노력하는 모습을 보여주자.

부모의 말 한마디 행동 하나로써 자녀는 사랑을 표현할 줄 알고, 고마운 일에는 감사를 전하며, 잘못한 일에는 사과할 줄 아는 사람으로 성장한다. 관계를 맺고 그 관계를 오래 유지하는 법을 자연스레 터득한다. 이러한 부모와 자녀 관계를 바탕으로 자녀는 공동체에서 선한 영향력을 발휘하는 멘쉬, 즉 '좋은 사람'으로 성장한다.

8.

네가 싫어하는 것은 남에게도 하지 말라

윤리와

공감에

대하여

어느 날 이교도 한 사람이 샴마이*를 찾아가 조롱하듯 물었다. "내가 한 다리로 서 있는 동안 토라 전체를 알려주시오. 그러면 유대교로 개종하겠소." 그러자 샴마이는 크게 화를 내며 그를 쫓아냈다.

이번에는 그 이교도가 힐렐을 찾아가 같은 질문을 했다. 힐렐은 그에게 다음과 같이 말했다. "당신이 하고 싶지 않은 일은 남에게도 행하지 마시오. 그게 토라의 전부이고, 나머지는 주석일 뿐이오. 가서 배우시오."

—샤바트 31a

* 이 글에서 샴마이(Shammai)는 '샴마이 하자켄(Shammai Ha-Zaken)'을 일컫는다. 그는 샴마이 학파의 창시자로 유명하다.

❖

힐렐과 삼마이는 기원전(BC) 1세기의 위대한 유대인 지도자들이다. 힐렐은 힐렐 학파를, 삼마이는 삼마이 학파를 이끌었다. 모세 율법을 엄격하게 해석해서 적용하는 삼마이 학파와 달리, 힐렐 학파는 율법을 해석하는 데 유연하고 온건한 입장을 취했다. 샤바트에 수록된 삼마이와 힐렐의 이야기는 그들이 이교도를 대하는 방식에 어떤 차이가 있는지를 보여준다. 한 다리로 서 있는 동안 토라 전체를 설명해준다면 유대교로 개종하겠다는 이교도의 요구는 매우 무례하다. 그러나 힐렐은 삼마이가 그랬던 것처럼 이교도를 내쫓지 않고, 다음의 세 문장으로써 토라의 가치를 설명해준다. 첫째, 네가 싫어하는 것은 남에게도 하지 말라. 둘째, 첫 번째가 토라의 본질이다. 셋째, 가서 토라의 본질을 배우라.

황금률은 인류의 보편적인 가르침

❖

"네가 싫어하는 것은 남에게도 하지 말라."를 한마디로 요약하면 '황금률(Golden Rule)'이라고 할 수 있다. "남에게 대접받고자 하는 대로 너희도 남에게 대접하라."는 예수의 가르침이 황금률을 의미하기 때문이다. 이 말씀이 황금률이라는 별칭으로 불린 것은, 3세기 로마제국의 24대 황제인 세베루스 알렉산데르(Severus Alexander)가 이 문장을 금으로 써서 거실 벽에 붙여놓은 데서 유래했다고 한다. 세베루스는 로마의 다른 황제들과 달리 다양한 종교와 문화를 존중하는 유화 정책을 폈으며, 황금률을 통치 지침으로 삼았다.

이러한 황금률은 유대교만의 가르침이 아닌 보편종교의 공통된 가르침이다. 공자(孔子, BC 551~BC 479년경)는 황금률을 처음 공표한 인물로 알려져 있다. 제자 자공이 공자에게 "한마디 말로써 매일 종일토록 그대로 실천해야 할 것이 있습니까?"라고 묻자, 공자는 "남이 네게 행하지 않았으면 하는 것을 남에게 행하지 말라."고 답했다. 묵자(墨子, BC 479~BC 381년경)는 황금률을 적용하는 대상을 "모두를 포함하고 아무도 배제하지 말아야 한다."며 그 대상을 가족과 이웃, 자국을 넘어 적국까지 확장했다. 석가(釋迦, BC 563~BC 483년경)는 "자기를 사랑하는 사람은 남들도 해치지 말아야 한다."라고 황금률을 표현했다. 맹자(孟子, BC 372~BC 289년경)는 "너 자신이 대접받고 싶은 대로 남을 대접하라."고 표현했다. 또한 랍비 아키바(Akiva ben Yosef)는 "이웃을 네 몸처럼 사랑하라."는 계명이 토라의 가장 위대한 원리라고 가르쳤다. 토라의 본질은 다른 사람을 대하는 방식과 깊이 연관되어 있다. 랍비 아키바는 공부가 행동으로 이어질 때 비로소 위대해진다고 설파하며, 황금률을 배웠다면 일상에서 실천해야 한다고 강조했다. 앞의 이야기에서 힐렐이 이교도에게 말한 세 문장에도 황금률과 토라의 본질, 실천의 중요성이 모두 담겨 있다.

나와 타인, 세상을 이어주는 가족의 황금률 실천법

❖

거리에서 노숙자를 보고 엄마가 어린 자녀에게 "공부를 안 하면 나중에 저렇게 돼."라고 속삭이는 모습을 본 적이 있다. 어려운 이웃을 만나면 우리는 자비나 나눔을 실천하기보다, 그들을 반면교사로 삼기 일쑤다. 1997년 IMF 외환위기 이후 각자도생과 무한 경쟁은 더욱 심화되었다. 근래 '인천공항 정규직 전환 논란'이 보여주듯, 2000년대 출생 세대부터 계량화된 성적이 산출되는 시험만이 공정하다는 인식이 더욱 강해지는 추세다. 애초 비정규직으로 채용된 사람들을 일괄적으로 정규직으로 전환하는 것은 불공정한 특혜라고 주장하는 사람들이 늘고 있다. 타인의 고통을 외면하는 양육과 경쟁을 공정이라고 가르치는 교육의 결과다.

그렇다면 열심히 노력해서 좋은 성적을 받고 경쟁 우위를 확보하면 내가 행복해질 수 있을까? 캐나다 맥길대학교(McGill University)의 프랭크 엘가(Frank Elgar) 교수 연구팀은 1994년부터 2006년까지 4년마다 117개 국가의 소득 불평등 지수(지니계수)와 학교 폭력 경험률의 관계를 연구했다. 그 결과, 소득 불평등 수준이 높은 국가일수록 학교 폭력 경험률이 높은 것으로 나타났다. 불평등이 심화된 사회에서는 나만 잘살 수 없다. 모든 사람은 연결되어 있기에, 나만 행복하기란 어려운 일이다. 모두가 행복하기 위해 함께 노력하는 것이 내가 행복해지는 길이다.

이런 관점에서 안나 스위르(Anna Swir)의 〈나의 고통(My suffering)〉이라는 시는 나와 타인이 연결되어 있다는 깊은 울림을 전해준다.

나의 고통은
쓸모가 있다.

그것은 나에게
타인의 고통에 대해 쓸 특권을 준다.

나의 고통은 하나의 연필
그것으로 나는 쓴다.

–〈나의 고통〉, 안나 스위르*

나의 고통은 쓸모가 있다. 나의 고통을 통해 다른 사람의 고통을 헤아릴 수 있기 때문이다. 우리는 고통을 외면하지 않는 법을 배워야 한다. 힐렐이 이교도에게 그랬던 것처럼 우리는 자녀에게 '황금률'을 가르쳐야 한다. 자기가 싫어하는 일을 남에게 행하지 말아야

* 류시화, 《시로 납치하다》, 더숲, 2018. 89쪽의 시 재인용

하고, 자기를 사랑하듯 남을 아낄 수 있어야 한다.

일상에서 부모와 자녀가 함께 황금률을 실천할 수 있도록 좀 더 구체적인 방법을 소개하면 다음과 같다.

부모와 자녀의 성격을 파악해보자

황금률을 실천하기 위해서는 먼저 자신을 이해해야 한다. 자신이 무엇을 싫어하는지 알아야, 남에게 그 일을 행하지 않을 수 있기 때문이다. 자신의 성격을 파악하는 일은 쉽지 않고, 자녀의 성격을 객관적으로 들여다보기란 더욱 어려운 일이다. 자녀의 성격을 파악하기가 어려운 경우 지역 청소년 상담 지원센터의 도움을 받는 것도 좋은 방법이다. 지역 청소년 상담 지원센터에서는 어린이 및 청소년을 대상으로 성격유형검사(MMTIC, Murphy-Meisgeier Type Indicator for Children)를 할 수 있다. 약간의 검사 비용(약 5,000원)을 지불하면, 검사 결과지를 토대로 전문 상담사의 상담을 받을 수 있다. 부모와 자녀가 함께 받으면 더욱 좋다.

큰아이가 초등학교 4학년이었을 때 MMTIC 검사를 한 결과, 아이는 'ISTP', 엄마인 나는 'ENTJ'로 분석되었다(MBTI 검사와 결과 유형이 같다). 큰아이와 나에게는 공통적으로 'T'가 있었다. T는 '사고(thinking)'의 이니셜로, 규칙을 중요시하고 인과관계를 잘 파악하며 경쟁을 좋아하는 특징이 있다고 한다. 타인의 감정이나 인정에 의해 의사결정을 내리기보다 논리적인 인과관계에 의한 결과를 공정하다고 받아들이는 성향이 강하다는 것이다. 상담사는 큰아이와 내가 'T' 성격이 강한 만큼 이를 보완할 'F(feeling)' 성격을 키워보라고 조언했다.

감정에 이름을 붙여주고 표현하자

자신을 알기 위해서는 자기 내면을 들여다보는 과정을 거쳐야 한다. 내면에서 일어나고 있는 다양한 감정을 알아차려야 한다. '기

감정을 표현하는 어휘들	
긍정적 표현	기쁘다 기분 좋다 반갑다 행복하다 흐뭇하다 뿌듯하다 즐겁다 사랑스럽다 자랑스럽다 눈물겹다 울고 싶다 황홀하다 벅차다 짜릿하다 뭉클하다 포근하다 푸근하다 시원하다 후련하다 통쾌하다 평안하다 감격스럽다 담담하다 평화롭다 만족하다 위안되다 든든하다 태연하다 상쾌하다 신바람 나다 근사하다 멋있다 싱그럽다 아늑하다 재미있다
부정적 표현	분하다 답답하다 억울하다 서운하다 섭섭하다 불쾌하다 밉다 얄밉다 슬프다 서글프다 애석하다 아쉽다 괘씸하다 당황스럽다 허탈하다 실망스럽다 처량하다 고독하다 외롭다 울적하다 속상하다 울화가 치밀다 복수심을 느끼다 부끄럽다 민망하다 멋쩍다 불안하다 초조하다 긴장되다 조심스럽다 걱정되다 불쌍하다 절망적이다 원망스럽다 후회스럽다 참담하다 처절하다 자책을 느끼다 복받치다 가슴 아프다 가엾다 쓰라리다 혐오감을 느끼다 못마땅하다 울고 싶다 겁나다 두렵다 무섭다 쓸쓸하다 떨떠름하다 저항감을 느끼다 거부감을 느끼다 야속하다 짜증스럽다 신경질 나다 몸서리쳐지다 불만스럽다 지겹다 권태를 느끼다 가소롭다 배신감을 느끼다 어이없다 주눅 들다 위축되다 안쓰럽다 힘겹다 조급하다 얼떨떨하다 소외감을 느끼다

–출처: 한국심리상담연구소

뻠', '슬픔', '분노' 등 감정에 적합한 이름을 붙여주면서, 그 감정이 일어나는 이유를 탐색해야 한다. 마찬가지로 주변 사람들에게 관심을 가지고 그들이 느끼는 감정을 읽는 연습을 한다면 공감 능력이 향상될 수 있다. 위 표에 정리한 어휘와 같이 우리의 감정은 매우 다양하고 섬세하게 표현될 수 있다. 몇몇 단어로 뭉뚱그려 감정을 표현하기보다는 다양한 언어 표현을 사용하여 자신의 감정이 어떤지 파악해보자. 그러면 자기 내면을 들여다보는 데 더욱 도움이 될 것이다.

소설을 읽으며 등장인물의 입장을 생각해보자

현실에서 만나는 사람이 정해져 있는 데 비해 문학 작품에서는 시간과 공간을 초월하여 다양한 인간 군상을 만날 수 있다. 등장인물에 대한 작가의 심리 묘사를 따라가면 소설 속 인물의 내면을 깊이 들여다볼 수 있다. 문학 작품 속 인물이 되어 그가 느끼는 고통을 함께 느끼면서 타인의 고통을 외면하지 않는 연습을 할 수 있다.

처음부터 자녀에게 장편소설을 권하거나 함께 읽는 것은 적절하지 못하다. 어린 자녀라면 그림책을 읽어주는 것으로 시작하자. 자녀가 초등학교 저학년이 되면 어린이 문학을 읽어주자. 자녀가 초등학교 고학년이 되면 1인칭 시점의 단편소설 읽기를 시작해 점차 분량을 늘려나가자. 이렇게 독서하면 초등학교 6학년쯤부터는 아이 혼자서도 장편소설 읽기가 가능해진다.

저널을 읽으며 우리 사회의 모습을 만나보자

신문이나 뉴스를 보면 우리 사회 곳곳의 다양한 모습을 포착할 수 있다. 좋은 일간지 하나를 정해 꾸준히 구독하면 현실을 보는 눈을 키울 수 있다. 물론 어린 자녀가 신문 기사에 관심을 갖지는 않을 것이다. 부모가 자녀에게 일간지나 좋은 기사를 접할 수 있는 길을 열어주어야 한다. 자녀가 초등학교 4학년이 되면 매일 기사 하나를 스크랩하여 식탁 위에 올려두는 것으로 시작해보자. 식사 시간에 기사의 헤드라인을 읽어주면 된다. "엄마, ○○이 뭐야?"라고 반응할 때, 기사 내용을 읽어주는 것이다. 우리 집은 큰아이가 초등학교 4학년 때 시작한 '1일 1기사 읽기'가 지금도 이어지고 있다. 저널 읽기는 세상을 바라보는 시야를 넓히는 데 큰 도움이 된다.

이러한 방식으로 부모와 자녀가 황금률을 실천해보자. 무엇보다 자녀가 싫어하는 일을 부모가 하지 않아야 한다. 그리고 "모두를 포함하고 아무도 배제하지 말아야 한다."는 목자의 황금률을 되새기며 점차 친구와 이웃, 국경을 넘어 지구까지 그 대상을 확장하는 것이다. 유대교 토라의 본질은 황금률이 전부이듯, 자녀의 인성 교육에서도 황금률이 전부다. 나머지는 주석일 뿐이다. 자, 이제 배우고 실천하자.

9.

아이에게 더불어 살기 위한 성품을 키워주자

환대에

대하여

랍비 요하난이 이렇게 말했다. "손님에 대한 환대는 배움의 방에 가기 위해 일찍 일어나는 것만큼 위대하다."

라브(Rav)* 디미가 이렇게 말했다. "손님에 대한 환대는 배움의 방에 가기 위해 일찍 일어나는 것보다 더 위대하다."

라브 예후다가 이렇게 말했다. "아브라함은 신께 자신의 손님이 있으니 기다려달라고 간청했다. 아브라함이 손님을 대접할 때와 같이 손님에 대한 환대는 신의 현존(Divine Presence: 신이 인간 옆에 함께 계신다는 의미)을 받아들이는 것보다 더 위대하다."

랍비 엘라자르가 이렇게 말했다. "사람의 살과 피의 속성이 누군가는 더 중요하고, 누군가는 덜 중요하다고 말할 수 없다."

–샤바트 127a

* 라브는 랍비를 뜻하는 히브리어다. 현대에는 랍비를 보편적으로 사용하나, 토라를 전업으로 연구하는 사람과 토라 문제에 대한 훨씬 더 높은 수준의 지식과 이해를 가진 랍비를 '라브'라 지칭한다.

❖

앞의 샤바트의 내용은 손님에 대한 환대가 얼마나 중요한지에 대한 랍비들의 대화를 다룬다. 랍비 요하난(Yohanan)이 배움의 방에 가기 위해 일찍 일어나는 것만큼 환대가 중요하다고 말하자, 라브 디미(Dimi)는 배움의 방에 가기 위해 일찍 일어나는 것보다 환대가 더 중요하다고 말한다. 배움이라는 가치를 무엇보다 중요시하는 랍비들이 배움보다 환대가 더 중요하다고 강조한 것이다. 라브 예후다(Yehuda)는 손님을 대접하기 위해 신께 기다려달라고 한 아브라함의 예를 들어, 신의 존재를 받아들이는 것보다 환대를 더 우선해야 한다고 말한다. 랍비 엘라자르(Elazar)는 살과 피로 이루어진 사람의 속성을 구분할 수 없으므로 모든 사람을 환대해야 한다고 말한다.

환대가 어떤 의미이기에 랍비들이 입을 모아 중요하다고 할까? 랍비들에게 최고의 가치인 배움보다 왜 환대가 중요하고, 심지어 신의 존재를 받아들이는 것보다 위대하다고 말하는 것일까?

혐오의 시대를 사는 우리가 해야 할 것

❖

'환대(hospitality)'의 어원은 주인과 나그네가 한 식탁 위에서 하나가 된다는 의미의 라틴어 '호스페스(hospes)'에서 파생되었다. 즉 환대란, '나에게 낯선 것, 어색한 것, 심지어 위험한 것, 그럼에도 불구하고 그 타자를 나의 친구와 동료로, 가족으로 진심으로 받아들이는 것'을 말한다. 예를 들어 창세기에 기록된 환대에 관한 다음의 이야기를 살펴보자.

> 어느 날 아브라함은 자신의 집 어귀에서 나그네 세 명이 자기 집 근처로 오고 있는 것을 보았다. 나그네들이 가까이 오자 아브라함은 마치 그들을 기다리고 있었다는 듯이 달려가 엎드려 절하며 그들을 맞이했다. 아브라함은 아내 사라에게 빵을 굽게 하고, 자신은 송아지 한 마리를 끌어다가 하인에게 주어 잡게 했다. 그렇게 나그네들에게 빵과 고기를 대접했다. 아브라함은 가진 것이 부족했지만 자신의 집을 지나가는 낯선 이들을 환대했다.
>
> —창세기 18:1~9 요약

이처럼 성경과 탈무드는 환대를 강조한다. 유대인에게 신이 나그네의 모습으로 찾아왔고, 유대인 역시 고향을 떠나 나그네의 정체성을 가지고 살아가면서, 낯선 곳에서 새롭게 만난 사람들이 베풀어준 환대 덕분에 재건할 수 있었기 때문일 것이다. 전 세계를 떠돌아다녀야 했던 유대인 민족을 다시 일으켜 세워준 것이 환대였기에, 유대인에게 환대의 의미는 각별하다.

우리나라의 경우 학생들 사이에서 주거 형태나 부모의 소득 수

준, 출신 지역에 따른 차별과 혐오가 갈수록 심해지고 있다는 분석이 제기되고 있다. 중·고등학생과 초등학생에게서 시작된 혐오의 표현이, 최근에는 유치원생까지 퍼져 사용할 정도로 그 연령대가 낮아지고 있다고 한다.

예를 들면 2016년에 중·고등학생과 초등학생 사이에서 '휴거'라는 말이 유행했다. 여기서 휴거란 아파트 브랜드인 '휴먼시아'와 '거지'의 합성어로, 임대아파트에 거주하는 사람들을 비하하는 표현이다. 휴거에서 시작된 혐오 표현은 '빌거(빌라에 사는 거지)', '전거(전세 사는 거지)', '월거(월세 사는 거지)'로 확산되고 있다. 또한 부모의 월 소득이 200만 원 또는 300만 원 이하인 경우, 이들을 벌레에 빗대 낮잡아보는 별명인 충(蟲)을 붙여 '이백충' 또는 '삼백충'이라고 부른다고 한다. 온라인 커뮤니티 이용자 사이에서 통용되던 이 같은 신조어가 어린 초등학생과 유치원생도 사용하는 은어가 되었다니 참으로 심각한 문제가 아닐 수 없다.

경기도교육청에 따르면(2018년), 2016년부터 약 3년 동안 경기도 내 초·중·고등학교에 재학 중인 다문화가정 학생 수는 '4,677명 → 4,743명 → 6,072명'으로 증가했다. 그런데 일선 학교 현장에서 피부색, 언어, 생활문화 등이 다르다는 이유로 외국인 학생을 배척하는 현상이 사그라지지 않고 있다고 한다. 또한 초등학교 4~6학년생 1,051명과 다문화가정 학생 760명을 대상으로 실시한 설문조사에서는 다문화가정 학생 중 34.6%가 괴롭힘 피해를 경험한 것으로 나타났다. 직접적으로 드러나지 않은 간접적 괴롭힘을 포함하면 그 수치는 더 많을 것으로 추정된다.

이러한 현상이 나타나는 데에는 부모의 책임이 크다고 전문가들은 분석한다. 이동귀 연세대학교 심리학과 교수는 "부모 세대의 특권의식이 아이들에게 반영된 것이라고 볼 수 있다. '저 친구는 어디에 사느냐', '임대주택에 사는 친구와는 놀지 마라' 등의 말이 영향을 준다. 또한 요즘 초등학생들의 인터넷 사용이 늘면서 혐오 표현에 더 쉽게 더 많이 노출되는 것도 문제다."라고 분석했다.

우리 사회에 환대의 정신이 절실한 이유다. 주거 형태, 소득 수준, 출신 지역, 학벌 등 끊임없이 경계를 만들어 구분 짓고, 특정 기준을 충족하지 않으면 대상을 배제하는 악습을 없애려면 타인에 대한 포용력을 길러야 한다. 먼저, 탈무드 속 지혜로운 랍비들은 어떤 마음으로 타인을 환대하고 포용할 수 있었는지 배워보자.

너와 내가 다르지 않다

"사람의 살과 피의 속성이 누군가는 더 중요하고, 누군가는 덜 중요하다고 말할 수 없다."라는 랍비 엘라자르의 말을 마음에 새기자. 토라 율법은 이방인에 대한 친절과 환대를 중요시한다. 랍비들은 자비와 자선의 실천을 유대인 민족에만 국한시키지 말라고 강조한다. 그 대상을 다른 민족, 나아가 동물과 자연에까지 경계를 확장하라고 당부한다.

내 것이 내 것이 아니다

우리는 아브라함이 신께 자신의 손님이 있으니 기다려달라고 간청했다는 사실에 주목할 필요가 있다. 아브라함은 이방인에게 기꺼이 집을 개방하고 그들을 환대했다. 이방인이 감사를 표하자, 아브라함은 다음과 같이 대답했다고 한다. "내가 이곳의 주인이 아니니, 나에게 감사하지 말고 하늘과 땅을 창조한 신께 감사하시오." 또 예루살렘의 요세 벤 요하난(Yose ben Yohanan)은 "너희 집 문을 활짝 열어 가난한 사람이 너희 집안의 일원이 되게 하라."(아보트 1:5)고 말했다.

경계 너머 우정을 나누자

평생에 걸쳐 배교자 엘리샤 벤 아부야(Elishah ben Abuyah)와 우정을 나눈 랍비 메이어는 유대교의 목표가 인류를 구분하기 위함이 아니라 인류를 통합하기 위함이라고 말했다. "인간은 율법을 준수하고 그 안에서 살아야 한다."라는 구절에 관하여, 랍비 메이어는 "이스라엘 사람, 레위 사람(Levite), 제사장뿐만 아니라 율법을 지키는 사람은 이방인을 포함하여 모두 대제사장과 동등한 지위에 서게 된다고 성서는 말한다."라고 전했다. 더 나아가 메이어는 "겸손한 자세로 앞으로 나아가라. 종교가 같은 사람뿐만 아니라 모든 사람 앞으로 나아가라."고 말했다.

타인과 살아가는 데 필요한 인간다움 키우기

❖

그렇다면 일상에서 타인과 더불어 살아가기 위해 환대를 실천하려면 어떻게 해야 할까? 낯선 사람에게 처음부터 마음의 문을 열고 그들을 내 가족처럼 대할 수는 없을 것이다. 하지만 작은 실천이라도 중단하지 않고 꾸준히 노력해보는 것이 중요하다. 자녀와 함께 다음과 같은 소통 방법을 시도해보자.

다양한 친구를 만날 수 있는 환경을 만들자

큰아이가 초등학교에 진학하기 직전 우리 가족은 이른바 초품아(초등학교를 품은 아파트) 단지로 이사했다. 당시에는 초등학생 자녀의 등·하교 안전을 위해 내린 결정이었다. 하지만 초등학교 6년 동안 비슷비슷한 가정환경의 친구들을 사귄 경험이 아이에게 썩 좋지만은 않다는 결론을 얻었다. 그래서 중학교에 진학할 때 큰아이는 일부러 버스로 통학해야 하는 위치에 있는 학교를 선택했다. 큰아이는 중학교에서 거주 지역이 다양한 환경의 친구들을 만나 관계를 맺고 우정을 나누면서 자신의 선택에 만족해했다. 관계에 큰 영향을 받는 청소년기에 다양한 친구를 만난 경험은 훗날 성인이 되어서도 타인과 소통하고 친근한 관계를 쌓는 데 긍정적으로 작용할 것이다.

관계를 배우는 시간을 마련하자

타인과 더불어 사는 능력은 매우 중요하다. 하지만 이런 능력은 하루아침에 만들어지지 않는다. 인성은 타고나는 것이라기보다는 오래 갈고닦아야 하는 것이다. 오늘날처럼 인터넷과 게임으로 친구를 사귀는 세대일수록, 실제로 만나서 친해지고 다투고 화해하고 소통하며 서로 맞추기 위한 시간을 내야 한다. 일주일에 한두 번 날을 정해서 자녀가 친구들과 함께할 수 있는 시간을 갖게끔 이끌어주자.

부모가 먼저 타인에 대한 환대를 실천하자

혐오 표현을 자주 사용하는 부모에게서 자녀가 환대의 정신을 배울 수는 없다. 환대를 실천하는 자녀로 키우기 위해 부모는 말 한마디 행동 하나에 신경을 써야 한다. 큰아이가 초등학교 4학년 작은아이가 일곱 살이었을 때, 가족이 함께 권정생의 장편동화《하느님이 우리 옆집에 살고 있네요》를 읽었다. 이 책에서 하느님은 하늘에서 지상으로 떨어져, 우리 주변에서 흔히 만날 수 있는 철거민이자 청소부의 모습으로 등장한다. 당시 큰아이와 작은아이는 거리에서 환경미화원을 보면, '혹시 하늘에서 떨어진 하느님이 아닐까?'라고 생각했다고 한다. 좋은 동화 한 편 덕분에, 주변 이웃을 바라보는 시선이 달라지는 감동적인 경험을 했다. 어린 자녀와 함께 책을 읽고, 부모가 먼저 이웃을 환대한다면 자녀는 부모의 그런 태도를 보고 자연스럽게 환대의 정신을 배울 것이다.

낯선 사람을 환대하는 일은 결국 나를 위한 일이기도 하다. 낯선 사람에게서 느껴지는 두려움을 배척하지 않고, 낯선 사람에게 용기 내어 손을 내밀 때 우리는 또 다른 자신의 가능성을 발견할 수 있다. 새로운 변화를 경험하고, 관계를 넓히고, 그들로부터 또 다른 배움을 얻을 수 있다.

10.

자신을 낮추고 약자의 편에 서라

겸손에

대하여

자기 자신을 낮춘 사람은 높아지고, 반대로 자기 자신을 높인 사람은 낮아진다.

위대함을 추구하면 위대함이 달아나고, 반대로 위대함으로부터 달아나면 위대함이 찾아온다.

원하는 바를 이루기 위해 강제로 기회를 좇는 사람은 기회 역시 그를 강제하여 성공하지 못한다. 반대로, 인내하며 기회를 양보하는 사람은 기회가 그의 편에 서게 되어 결국 성공하게 될 것이다.

–에루빈* 13b

* 에루빈(Eruvin)은 탈무드의 두 번째 순서인 모에드의 두 번째 소논문이다.

❖

유대인에게 '겸손'은 최고의 가치 중 하나다. 겸손의 사전적 의미를 살펴보면, "남을 존중하고 자기를 내세우지 않는 태도가 있음"이라고 풀이되어 있다. 겸손은 영어로 '휴밀리티(humility)'이고, 사람은 영어로 '휴먼(human)'인데, 두 단어 모두 어원이 흙을 나타내는 '후무스(humus)'에서 파생되었다. 어원을 통해 두 단어의 의미를 풀어보면, 사람이란 흙에서 와서 흙으로 돌아가는 존재이며, 모든 것을 품는 흙과 같은 겸손을 지녀야 한다고 해석할 수 있다.

탈무드에는 겸손을 강조하는 구절이 많이 담겨 있다. 탈무드 속 겸손의 가치를 읽으면서, 겸손이라는 단어 자체의 의미보다 훨씬 더 폭넓은 의미가 있음을 알게 되었다. 탈무드에 등장하는 사람 가운데 가장 겸손한 사람으로 흔히 모세를 꼽는다. 모세가 자신의 고유한 힘을 깨닫고 행동하기를 두려워하지 않았기 때문이다. 이처럼 탈무드가 말하는 겸손은 자신을 낮추는 태도를 포함하여, 자신이 누구인지 알고 행동하기를 두려워하지 않는 삶의 자세까지 그 의미가 확장된다.

또한 탈무드 타니트에서 랍비들은 위에서 아래로 흐르는 물의 속성을 들어 겸손이 물과 같다고 설명한다(타니트 7a). 탈무드 메길라에서 랍비 요하난(Yohanan)은 "고아와 과부를 위하여 정의를 행하시며, 나그네를 사랑하여 그에게 떡과 옷을 주시나니."라는 성경 구절을 들어 신의 겸손을 설명한다(메길라 31a). 즉 탈무드에서 겸손이란, 아래로 흐르는 물처럼 낮은 곳으로 향하는 마음이자, 약한 자의 편에 서는 태도라 할 수 있다.

낮출수록 커지는 겸손의 위력

❖

앞에 예로 든 구절 외에도 탈무드에는 다음과 같이 겸손에 관한 인상 깊은 이야기들이 수록되어 있다.

> 압살롬은 자신의 머리카락을 자랑스러워했다. 이스라엘 전역에 압살롬처럼 잘생긴 사람이 없을 정도로 그의 외모는 크게 칭송받았다. 발에서부터 정수리까지 그에게는 흠이 없었다. 하지만 머리카락이 너무 무거워서 매년 연말에 그는 머리카락을 잘라야 했다. 머리카락이 200셰켈(shekel: 과거 유대인이 쓰던 은화)이 되었을 때, 압살롬은 자신의 머리카락에 목이 매여 죽었다.
>
> –소타* 9b

---

* 소타(Sotah)는 탈무드의 세 번째 순서인 나심(Nashim)의 다섯 번째 소논문이다.

아름다운 곱슬머리를 가진 젊은 양치기가 있었다. 그는 자신의 머리카락을 자르고서 나실인(Nazirite)*이 되고자 했다.

시몬이 그에게 물었다. "젊고 잘생기고 아름다운 곱슬머리를 가진 자여, 왜 자신의 머리카락을 자르고 기쁨을 파괴하려고 하는가?"

그가 대답했다. "맑은 샘물에 비친 제 모습을 보면 아름다운 곱슬머리가 저를 자만심에 빠지게 합니다. 스스로를 우상으로 만들까 봐 걱정스럽습니다. 그리하여 지금 당장 제 머리카락을 신께 바치고 나실인의 맹세를 하고자 합니다."

시몬이 말했다. "이스라엘의 많은 나실인이 너를 좋아할 것이다."

–네다림** 9b

검고 굵고 긴 머리카락은 젊음과 생명력, 힘을 상징한다. 두 이야기 속 젊은이는 아름다운 머리카락을 가졌다는 공통점이 있다. 하지만 그 둘은 상반된 결과에 이른다. 머리카락을 신께 바침으로써 자신을 낮춘 젊은 양치기는 사람들의 칭송을 받지만, 아름다운 머리카락으로 인해 자만한 압살롬은 자신의 머리카락 때문에 죽고 만다. 앞에 제시한 "자기 자신을 낮춘 사람은 높아지고, 반대로 자기

* 나실인은 이스라엘 사람 가운데 야훼(Yahweh) 종교의 순수성을 보존하기 위해 특히 하느님에 대한 헌신을 서약한 자를 말한다.

** 네다림(Nedarim)은 탈무드의 세 번째 순서인 나심의 세 번째 소논문이다.

자신을 높인 사람은 낮아진다.", "위대함을 추구하면 위대함이 달아나고, 반대로 위대함으로부터 달아나면 위대함이 찾아온다."라는 에루빈의 구절과 정확하게 맞아떨어진다. 이처럼 탈무드는 머리카락과 관련한 이야기를 통해 자만을 경계하고 겸손한 태도를 갖출 것을 강조한다. '자만하지 말라', '사람에게 사랑받는 사람이 신의 사랑을 받는다'라는 유대인의 격언과도 일맥상통한다.

인성은 매우 중요하다. 일례로 대중의 인기를 한 몸에 받는 유명인이 과거 학교 폭력의 가해자였다는 폭로 때문에 한순간에 이미지가 추락하여 모든 활동을 중단했다는 언론의 보도를 종종 접할 수 있다. 반대로 선행을 베푼 미담의 주인공이 하루아침에 스타의 반열에 올라 만인의 칭송을 받기도 한다.

《인성이 실력이다》의 저자 조벽 교수는 "예전에는 혼자 열심히 공부해 대학을 졸업하면 먹고살 만했다. 그러나 이제는 집단지성의 시대다. 혼자서는 살 수 없고, 다양한 능력과 재능이 있는 사람들이 어울려야만 문제를 해결할 수 있는 세상이 되었다."고 하면서 인성 교육의 필요성을 언급했다. 또한 그는 인성도 분명한 실력이라고 강조하며 "우리는 타고나는 게 아니라 장기간 노력으로 갖추는 것을 '실력'이라고 한다. 인성도 단순히 그 덕목을 안다고 되는 게 아니라, 오래 갈고닦아야 하는 것이기에 능력이고 실력으로 봐야 한다."고 말했다.

인성 교육은 가정·학교·사회 모두의 몫이다

❖

이토록 중요한 자녀의 인성 교육을 어떻게 해야 할까? 탈무드에서 강조하는 겸손의 가치를 떠올리며 지혜를 모아보자. 실제로 탈무드를 읽기 전에는 무엇인가를 선택해야 하는 의사결정 상황에서 순간적으로 마음에 드는 쪽을 선택하곤 했다. 그렇다 보니 나의 이익이 의사결정에 큰 영향을 미칠 때가 많았다. 하지만 탈무드를 읽으면서 겸손의 가치를 깨닫게 되어 점차 변화할 수 있었다. 의사결정을 내려야 할 때, 나 자신의 취향이나 이익보다는 주변을 돌아보고 약한 곳에 힘을 실어 균형을 맞추는 쪽을 고려할 수 있게 되었다. 겸손이란 물처럼 낮은 곳으로 향하는 마음이자, 약한 자의 편에 서는 태도라고 했다. 나 자신이 그와 다를 바 없이 약한 존재라는 사실을 인식하고 행동하는 삶의 자세인 것이다. 작은 변화일지라도 나와 주변이 함께 잘사는 선순환의 고리를 만들어가고자 노력하고 있다. 겸손의 가치를 출발점으로 삼아 다음과 같이 자녀를 위한 인성 교육 방법을 하나씩 실천해보자.

가정에서: 자녀의 인권을 보장하는 것이 인성 교육의 시작이다

겸손의 의미를 곱씹다 보면 '인권'의 개념이 떠오른다. 약한 자의 편에 서는 태도는 개개인의 인권을 보장하는 일과 연결된다. 인권이란, 다른 사람의 권리를 침해하지 않는 범위에서 내가 행복하게 살기 위해 필요한 권리다. 하지만 다수와 강자의 권리는 옹호되는 반면, 소수와 약자의 권리는 종종 좌절되곤 한다.

가정에서도 마찬가지다. 친권이라는 명분하에 자행되는 아동 학대가 심각한 수준이다. 친권이란, 부모가 미성년인 자(子)에 대하여 가지는 신분상, 재산상의 여러 권리와 의무의 총칭이다. 김희경 작가는 자신의 저서 《이상한 정상 가족》에서, 가정에서 아동의 인권이 어떻게 짓밟혀왔는가에 관해 상세히 다루었다. 친권은 분명 부모가 자녀를 보호하고 가르쳐야 하는 의무이지만, 자녀는 부모의 소유물이라는 인식으로 인한 체벌과 아동 학대가 묵인되는 현실이다. 현재 우리나라는 아동보호기관이나 국가가 친권을 넘어 개입하는 것에 대한 권한을 부여하지 않고 있다. 그러나 친권은 부모의 권리가 아니다. 의무다. 이처럼 인성 교육은 무엇보다 가정에서 가장 약한 존재인 자녀의 인권을 보장하는 것에서부터 시작되어야 한다. 부모의 권리가 아니라 사랑 속에서 자녀의 인성이 길러진다는 사실을 기억해야 한다.

학교에서: 균형 잡힌 교육 시스템을 제공하라

학교에서의 인성 교육은 모든 학생이 자신을 긍정하고 존중하도록 돕는 것에서 시작해야 한다. 자신을 사랑하고 이해하는 사람은 자신을 소중히 여기는 만큼 타인도 소중하게 생각할 수 있기 때문이다. 또래 아이들이 모여 있는 교실은 '균형 잡기'를 연습하는 공간이 되어야 한다. 약한 쪽에 힘을 실어주어야 균형을 잡는 저울처럼, 어떤 방식으로 노력해야 균형을 이룰 수 있을지 선생님과 학생들이 함께 생각해보는 연습을 해야 한다.

사회에서: 약한 자, 소수자의 편에 서라

다수의 결정에 따라 의사를 통일하는 다수결의 원칙은 현대 민주주의의 기본 원리다. 하지만 다수의 의견이라고 무조건 정당하다고 할 수 있을까? 다수의 의견에 가려 소수의 의견이 희생되지는 않는지, 의사결정을 보완하는 또 다른 방법은 없는지 점검해야 한다.《다수를 위한 소수의 희생은 정당한가?》의 공저자인 표창원은 그의 글에서 "다수가 조금 불편해도 조금 천천히 가는 방식"과 "소수가 떠안아야 할 부담을 다수가 조금씩 나누어 가지는 방식"에 대해 생각할 필요가 있다고 말했다.

또한 인권활동가 오창익은 그의 저서《사람답게 산다는 것》에서 실제로 평등이 이뤄지려면 약자와 소수자의 편을 들면 된다고 밝혔다. 이를테면 휠체어를 타는 지체장애인을 위해 도로의 턱이나 계단을 없애면, 다리를 다친 사람이나 거동이 힘든 노인, 유아차를 이용하는 영유아까지 다니기 편해진다. 이처럼 우리가 사는 세상의 중심을 '아픈 곳'이나 '약한 곳'에 두면 좀 더 많은 사람이 살기 좋은 세상이 된다.

11.

어려운 사람을 돕는 일은 배움보다 위대하다

선행에

대하여

라브 아시가 말했다. "매년 적어도 3분의 1세켈을 자선하는 데 써야 한다."(느헤미야 10:33) 그는 또한 이렇게 말했다. "자선은 다른 모든 미츠바(mitzvah: 유대교의 계명)를 합친 것과 같다."

랍비 엘라자르가 말했다. "다른 사람에게 선행을 하도록 하는 자는 스스로 선행하는 자보다 위대하다."(이사야 32:17) 그는 또한 이렇게 말했다. "은밀히 자선을 행하는 자는 우리의 스승인 모세보다 더 위대하다."(잠언 21:14)

랍비 이츠하크가 말했다. "가난한 사람에게 동전을 주는 사람은 6개의 축복을 받고, 위로와 격려의 말로 그를 위로하는 사람은 11개의 축복을 받는다."

–바바 바트라* 9a~9b

* 바바 바트라(Bava Batra)는 탈무드의 네 번째 순서인 네지킨의 세 번째 소논문이다.

❖

탈무드가 가장 강조하는 가르침은 단연 '선행'이다. 탈무드에서의 선행은 일반적으로 통용되는 개념인 좋은 일을 하는 것을 넘어선다. 자비와 친절, 환대는 물론 금전이나 물품을 제공하는 구제(救濟)와 자선까지 아우른다. 탈무드는 선행과 관련하여 여러 사례를 제시하며, 선행을 실천하면 축복을 받고 선행을 실천하지 않으면 범죄를 저지르는 것과 같다고 명시하여 선행을 장려한다.

앞의 바바 바트라의 내용은 재산 소유자로서 개인의 의무와 권리에 대해 다루며, 아울러 선행을 강조하는 랍비들의 지혜로운 말을 전한다.

라브 아시(Ashi)는 구체적인 금액을 제시하며 자선이 의무임을 강조한다. 유대인이 지켜야 할 모든 미츠바, 즉 613개 계명 중 612개 계명을 합친 것만큼 자선이 중요하다고 말한다.

랍비 엘라자르(Elazar)는 "다른 사람에게 선행을 하도록 하는 자는 스스로 선행하는 자보다 위대하다."고 말한다. 부유한 사람이 거금을 기부하는 것보다 많은 사람이 기부할 수 있도록 모금하는 사람이 더 위대하고, 재능이 우수한 사람이 선행하는 것보다 그 사람이 선행할 수 있도록 이끌어준 사람이 더 위대하다고 말한다. 부유하지 않고 재능이 부족하더라도 다른 사람이 선행하도록 돕는 일은 할 수 있기에, 누구나 선행하는 사람을 돕기 위해 노력해야 한다고 강조한다. 또한 자선할 때는 수혜자가 모르게 은밀히 행하라고 당부함으로써 선행할 때도 배려하는 마음이 중요하다고 덧붙인다.

랍비 이츠하크(Yitzhak)는 가난한 사람에게 금전적인 도움을 주는 것보다 위로와 격려의 말을 하는 것이 더 큰 선행이라 말하며, 금전적인 선행보다 감정적인 선행이 더 중요하다고 말한다.

점수 따기 봉사활동은 과연 선행일까?

❖

우리나라에서 선행(善行) 교육이 어떻게 이루어지는지 알아보려고 인터넷 검색창에 '대한민국 선행 교육'이라고 입력했다가 '선행(先行) 교육'에 대한 정보만 리스트업 되는 결과를 보고 실소를 금치 못한 적이 있다. 이처럼 우리나라는 '착하고 어진 행실'을 의미하는 선행(善行)보다 '어떠한 것보다 앞서가거나 앞에 있음'을 의미하는 선행(先行)을 중시하는 사회라는 것을 다시 한번 확인할 수 있었다.

아이들의 선행(善行) 교육을 어떻게 해야 할지 나 역시 고민이 되곤 한다. 버스나 지하철에서 노인에게 자리를 양보하거나, 거리에서 노숙자에게 지폐 한 장을 건네는 것처럼 일시적 방편으로는 부족하다고 생각되기 때문이다. 우리 몸이 의식하지 않은 채 숨을 쉬는 것처럼, 자연스레 몸에 밴 행동이 모든 사람에게 이로운 선행이 되면 좋겠다고 생각했다.

우리나라 초등학교는 굿네이버스와 같은 자선단체를 통해 선행 교육을 대행한다. 초등학교 저학년 아이들에게 지구 반대편에 있는 굶주리는 아이들을 촬영한 영상을 보여주고, 그 아이에게 편지를 쓰게 하고 용돈을 아껴 매달 일정 금액을 이체하여 돕도록 지원하는 방식이다. 큰아이가 초등학교 1학년이었을 때, 자기 용돈이 물 부족 국가에 사는 또래 친구가 마실 깨끗한 물을 사는 데 쓰인다고 좋아했던 기억이 난다(큰아이는 지금도 용돈을 보낸다).

그렇지만 부모로서 나는 마냥 좋지만은 않았다. 국가적 빈곤은 구조의 문제인데 그런 관점에서 해결 방식을 찾지 않고, 초등학생에게 빈곤을 전시하며 개인에게 맡기는 시도가 씁쓸하게 느껴졌다. 아울러 어린아이들에게 빈곤한 국가에 살지 않아서 다행이라는 인식을 심어주는 것은 아닌지, 선행이 자칫 개인적이고 동정심에 의해 도움을 주는 시혜적인 일이라는 인상을 남기지는 않을지 염려스러웠다.

또한 우리나라 중·고등학교에는 '봉사활동(봉사점수)' 제도가 있다. 지역마다 차이가 있지만, 경기도에서 학교를 다니는 중학생의 경우는 3년 동안 60시간의 봉사 시간을 채워야 한다. 봉사 시간 60시간을 다 채운 학생에게는 기본 점수를 주고, 60시간을 못 채운 경우는 감점하는 방식으로 선행을 강제한다. 중학생 큰아이는 직접 봉사점수를 주는 기관을 찾고 봉사 시간을 계산하여 활동한 후에 봉사점수를 받았다.

봉사하면 점수를 주는 제도라니, 선행하면 점수를 주고 성적에 반영하는 현행 선행 교육에서 아이들은 과연 선행의 가치를 배울 수 있을까? 선행도 스펙 쌓기의 일종이라고 인식하지 않을까 우려되었다.

부모의 선행은 자녀에게 최고의 인성 교육이다

❖

아이 스스로 선행하는 사람으로 성장시키려면 어떻게 해야 할까? 점수를 따기 위한 수단이 아니라 그야말로 선행의 가치를 아는 사람으로 키우기 위해서는 어떻게 해야 할까? 탈무드가 전하는 선행에 관한 지혜로부터 그 배움을 구해보자.

나중이 아닌 바로 지금 선행하자

'내 코가 석 자'라는 말이 있듯이, 우리 사회는 자기 앞가림도 제대로 못 하면서 타인의 사정에 관심을 갖고 도우려는 사람을 좋지 않게 보는 경향이 있다. 하지만 선행을 하기에 적당한 때란 없다. 바로 지금 해야 한다. '선행은 나중에 여유가 생길 때 해야지'라면서 선행을 미루고 있다면, 다음의 랍비 나훔(Nachum)의 이야기를 읽고 선행의 의미를 되새겨보자.

랍비 나훔은 자신에게 무슨 일이 생겨도 "이 또한 제가 지은 죄에 대한 최선의 결과입니다."라고 말하곤 했다. 그는 노년에 시력을 잃었고, 양손과 두 다리가 모두 절단되었으며, 온몸이 염증으로 뒤덮였다.

학자들이 그에게 말했다. "당신같이 의로운 사람이 왜 이렇게 심한 고통을 겪습니까?"

랍비 나훔이 말했다. "이 모든 것은 제가 자초했습니다. 당나귀 서른 마리에 식량과 온갖 종류의 귀중한 물건들을 가득 싣고서 장인의 집에 갈 때였습니다. 길가에서 한 남자가 저를 불렀습니다. '랍비님, 도와주세요!' 저는 그에게 당나귀에서 짐을 내릴 때까지 기다리라고 했습니다. 짐을 모두 내렸을 때, 그 가엾은 사람은 이미 쓰러져 죽어 있었습니다. 저는 몹시 울면서 '그대를 보고도 불쌍히 여기지 않은 나의 이 두 눈을 멀게 하라.', '그를 돕지 않은 이 양손을 자르고, 서둘러 뛰지 않은 이 다리도 절단하라.' 그러고도 부족해서 온몸에 염증이 나기를 기도했습니다."

–H. 폴라노, 《탈무드》, 244, 245쪽 중에서 발췌

필요한 때 적절한 도움을 받지 못해 돌이킬 수 없는 큰일을 겪는 불우한 이웃들의 안타까운 소식을 종종 듣곤 한다. 국가가 사회안전망을 강화한다고 해도 여전히 복지 사각지대는 존재하고, 취약계층이 소외되는 사례가 빈번히 발생하고 있다. 자신의 가정을 살피듯 이웃을 살피는 것은 어렵겠지만, 주변의 이웃에 관심을 갖고 도움의

손길을 구하는 사람들을 외면하지 않는다면 취약계층에 발생하는 비보를 조금이나마 줄일 수 있을 것이다. 랍비 나훔의 이야기에서처럼 조금만 불편을 감수하고 제때 도움의 손길을 내밀 수 있다면 당사자에게는 큰 도움이 될 것이다. 무엇보다 부모의 선행이나 봉사하는 모습은 자체로 아이에게 최고의 인성 교육이 될 것이다.

다른 사람의 선행을 도울 수 있는 방법을 찾아보자

직접 선행을 실천하는 것도 가치 있는 일이지만, 랍비 엘라자르의 말처럼 다른 사람이 선행하도록 돕는 것도 가치 있는 일이다. 경제적으로 어려운 상황이어서 직접 기부할 수 없거나 시간을 내지 못하더라도 일상에서 손쉽게 자선을 행할 수 있는 방법은 생각 외로 많다. 예를 들면 '생각하는 소비가 세상을 살린다'는 말처럼 좋은 일을 하는 '착한 기업'의 제품을 구매함으로써 나의 소비가 선행으로 이어질 수 있다. 해당 기업이 사회에 기여하거나 자선활동을 할 수 있도록 도울 수 있다. 따라서 내가 사용하는 물건이 친환경 제품이나 공정무역 제품인지, 사회적 기업이나 협동조합에서 생산한 물품인지 아는 것은 중요하다. 소비하지 않고 살아갈 수는 없기에, 세상을 바꾸는 윤리적 소비를 실천함으로써 일상에서 충분히 소비가 선행이 되도록 할 수 있다.

아이에게 어떤 기업이 친환경 기업이고, 사회에 기여하는 기업인지를 알려주고, 또 다른 기업도 함께 찾아보자. 나아가 이들 착한 기업의 제품을 구매하면 그 돈이 어떻게 쓰이는지도 알아보자. 선행 교육뿐만 아니라 공정에 대한 가치까지 배울 수 있는 좋은 기회가 될 것이다.

공부하는 것보다 좋은 사람이 되는 것이 먼저다

선행보다 배움에 치중하는 사람은 가지가 많으나 뿌리가 약한 나무와 같아서 큰 폭풍이 닥치면 그 나무는 뿌리째 뽑힌다.

그러나 배움보다 선행에 치중하는 사람은 가지가 적지만 뿌리가 튼튼하고 넓게 퍼진 나무와 같아서 큰 폭풍이 닥쳐도 뿌리째 뽑히지 않는다.

—H. 폴라노, 《탈무드》, 310쪽 중에서 발췌

탈무드의 위 구절은 배움이 부족하더라도 선행을 실천한다면 그 사람은 뿌리가 튼튼한 나무와 같다고 전한다. 반면에 배움이 넘칠 만큼 많이 배웠더라도 선행을 실천하지 않는다면 그 사람은 가지만 많을 뿐 뿌리가 약한 나무와 같다고 말한다. 배움보다 선행을 강조한다. 결국 탈무드가 전하는 지혜는 배움의 궁극적인 목적은 선행이고, 선행하기 위해 공부해야 한다는 뜻이 아닐까. 아이의 선행은 봉사점수로 여기고, 좋은 성적을 가장 큰 덕목으로 여기는 우리 사회와 어른들이 곱씹어봐야 할 글이다.

탈무드를 읽으면서 우리 가족이 달라진 점이 있다면, 선행에 대해 자주 생각하고 실천하게 되었다는 것이다. 나와 가족의 안위를 생각할 때 어려운 이웃을 동시에 생각하게 되었다. 직접 선행하는 것만큼 선행하도록 돕는 일 역시 중요하다는 것을 깨닫게 되면서, 물건 하나를 사서 쓰더라도 그 물건을 만드는 기업이 사회적으로 공헌하는 기업인지 눈여겨본다. 가능한 착한 소비를 하기 위해 노력한다. 쓰레기를 줄이고 에너지를 아끼는 등 작지만 꾸준하게 '1일1선행(一日一善行)'을 실천하고 있다. 우리 가정의 작은 선행 방법이 또 다른 가정이 선행을 실천하는 데 도움이 되었으면 하는 바람이다.

12.

생각을 키우는 것이 인성 교육의 기본이다

진리에

대하여

라바 바르 쉴라가 선지자 엘리야*에게 물었다. "성스럽고 거룩한 분께서는 무엇을 하고 계십니까?"

엘리야가 대답했다. "그분은 모든 랍비들의 이름으로 할라카(유대교 율법으로 도덕법칙, 법률, 관습 등의 총체)를 말씀하고 계신다. 하지만 랍비 메이어**의 이름으로 된 가르침은 말씀하시지 않는다."

라바 바르 쉴라가 다시 물었다. "왜 랍비 메이어는 안 됩니까?"

엘리야가 대답했다. "왜냐하면 그는 배교한 아헤르(Aher: 변절자 '엘리샤 벤 아부야'를 부르는 다른 이름)에게 할라카를 배웠기 때문이다."

라바 바르 쉴라가 말했다. "그렇다고 그런 불이익을 받으면 되겠습니까? 랍비 메이어는 석류를 찾아 그 속은 먹고 껍데기는 버렸습니다."

–하기가*** 15b

---

* 엘리야(Elijah)는 하느님의 뜻을 사람들에게 전했던 예언자 중에서도 역사적으로 가장 위대한 예언자로 손꼽히는 인물이다.

** 랍비 메이어(Meir)는 4세대 탄나임 중 가장 위대한 랍비로 꼽히며, 미슈나의 기초를 확립한 것으로 유명하다.

*** 하기가(Hagigah)는 탈무드의 두 번째 순서인 모에드의 열두 번째 소논문이다.

❖

랍비 메이어는 가장 위대한 랍비 중 한 사람으로 대단한 학식과 인격을 갖춰 탈무드에 자주 등장하는 인물이다. 엘리샤 벤 아부야(Elishah ben Abuyah)는 1~2세기경 팔레스타인에서 활동한 구전 율법 교사였으나 배교하여 대표적인 이단자로 평가받는다. 그러나 엘리샤의 학식이 높았기에 랍비 메이어는 배교자인 그를 스승으로 모셨다. 그들은 자주 성경 구절에 관해 대화하며 교류했다. 다른 랍비들은 랍비 메이어가 엘리샤와 어울리는 것을 말렸지만, 엘리샤가 죽을 때까지 그들의 우정은 지속되었다. 랍비 메이어는 "너는 귀를 기울여 지혜 있는 자의 말씀을 들으며, 내 지식에 마음을 둘지어다."라는 성경 구절을 인용하여(잠언 22:17), 현자의 말에 귀를 기울이되 자신의 내면에 집중해야 한다고 설파했다.

하기가 15b에 기록된 이야기는 랍비 메이어의 토라 지식에 대해 라바 바르 쉴라(Rabba bar Sheila)와 예언자 엘리야가 대화를 나누는 장면을 전한다. 랍비 메이어가 배교자로부터 배웠기 때문에 그의 토라 지식이 잘못되었다고 판단하는 엘리야와 배교자와 어울리지 말라고 하는 랍비들의 모습에서 유대인의 전통인 환대의 정신과 모순되는 점을 발견할 수 있다. 이에 라바 바르 쉴라는 석류에 비유하여 엘리야에게 이의를 제기하며, 랍비 메이어가 좋은 것은 취하고 나쁜 것은 버렸다고 말한다.

지혜를 얻는 것은 알맹이와 껍데기를 구별하는 일

❖

라바(Rava)는 토라의 교리를 호두에 비유하여 다음과 같이 설명했다. "왜 학자들은 토라를 호두에 비유하는가? 그것은 진흙과 오물로 더럽혀져도 알맹이가 망가지지 않기 때문이다. 토라 학자도 마찬가지다. 토라 학자가 죄를 지었어도, 토라 지식이 망가진 것은 아니다."

진흙과 오물이 전혀 없는 100퍼센트 순수한 진리를 발견하는 일은 사실상 불가능하다. 지혜를 얻는 일은 곧 알맹이와 껍데기를 구별하는 일이기도 하다. 랍비들은 미슈나에 대한 주석인 게마라를 통해 성인과 청소년에게 달리 적용하여 예언자 엘리야와 랍비들의 모순을 해결하고자 했다. 스스로 생각할 수 있는 성인은 결함이 있는 스승이나 환경에서도 배우는 것이 가능하다. 그러나 어린이와 청소년은 쉽게 나쁜 영향을 받을 수 있으므로 성인의 도움이 필요하다. 알맹이와 껍데기를 구별할 수 있는 랍비 메이어는 배교자 엘리샤로부터 배우는 것이 가능했지만, 무엇이 알맹이고 무엇이 껍데기인지 구별조차 하지 못하는 어린이와 청소년은 교리를 무조건 받아들여서는 안 된다고 가르친다.

알맹이와 껍데기를 구별하는 능력은 매우 중요하다. 알맹이와 껍데기를 구별하려면 시행착오를 겪으며 스스로 생각하고 판단하는 연습을 해야 한다. 하지만 우리 사회의 '빨리빨리' 문화는 자녀에게 충분히 생각할 시간을 허락하지 않는다. 과정은 생략되고, 자녀에게 껍데기가 제거된 알맹이만 주면 된다고 여긴다. 때로는 다수의 생각을 그대로 따르라고 가르치기도 한다.

현재 부모 세대는 자기 표현의 가치보다 생존 가치를 우선시하는 경향이 있다. 집단 속에서 개인의 생각을 드러내지 않을 때 안전하다고 느낀다. 내 편이면 다 맞다고 동조하고 내 편이 아니면 다 틀렸다고 몰아세우면서, 내 편의 세력을 공고히 하는 편 가르기 문화는 우리에게 매우 익숙하다.

이러한 집단 문화는 자녀 세대의 '인싸·아싸' 담론과 연결된다. '인싸'는 인사이더(insider)의 약자로 집단을 이루어 그 무리와 잘 섞여 어울리는 부류를 지칭하며, '아싸'는 아웃사이더(outsider)의 약자로 특정 집단에 끼지 않는 부류를 지칭한다. 문제는 인싸는 맞고, 아싸는 틀렸다는 인식에 있다. 심지어 인싸와 아싸의 구분을 사회성 발달의 척도로 삼기도 한다. 내 아이가 인싸면 사회성이 잘 발달된 것이고, 아이가 아싸면 사회성이 부족하다고 판단하기에, 내 아이가 인싸가 되기를 바란다. '학교에서 인싸 되는 법', '여름방학 제대로 공부하고 인싸 되기' 등 각종 '인싸 되기' 수업까지 등장했다.

이처럼 집단을 중요시하는 문화는 알맹이와 껍데기를 구별하려는 시도를 가치 없게 만든다. 내 아이가 자기 생각을 표현했다가 왕따라도 당할까 봐 전전긍긍하면서 집단 속에 숨으라고 가르치게 되는 것이다. 자녀에게 '공부만 잘하면 돼'라고 하면서 집단 속에서 우위를 선점하기를 바란다. 이러한 경향은 조기 학습 교육에는 과도하게 투자하지만, 인성 교육에는 무관심한 현상과 무관하지 않다. 자녀가 공부만 잘하면 된다고 생각하는 부모 세대의 잘못된 가치관이 자녀 세대의 인성 교육을 가로막고 있다.

스스로 생각하고 표현하는 것이 인성 교육의 시작이다

❖

각계각층의 전문가들은 미래 사회는 집단적 가치보다 개인의 가치가, 생존 가치보다 자기 표현의 가치가 우선하는 사회가 될 것이라고 전망한다. 이를테면 인터넷과 스마트폰의 확산으로 전 세계 곳곳의 정보를 내 손 안에서 가공하고 생산, 유통할 수 있는 세상에서 진짜와 가짜를 구별할 수 있는 능력이 더욱 중요하게 되었다는 뜻이기도 하다. 스스로 생각하고 자신을 표현하는 능력을 키워야 하는 이유다. 말 그대로 알맹이는 먹고 껍데기는 버릴 수 있어야 한다. 그렇다면 우리 아이를 스스로 생각하는 사람으로 성장시키기 위해 어떻게 해야 할까?

인성 교육은 어릴 때부터 해야 한다

미국 시카고대학교 경제학과 교수이자, 뇌과학과 유아 교육의 권위자인 제임스 헤크먼(James Heckman)은 40여 년의 연구를 통해 인성 교육의 중요성을 통계적으로 입증했다. 헤크먼 교수는 연구 결과, 성과를 내거나 행복하게 사는 데 비인지 능력(끈기, 인내, 자기 조절, 사회적 의사소통 등)이 인지 능력보다 중요한 요소로 작용한다고 밝혔다. 지적 능력, 사회적 능력, 정서적 능력을 종합적으로 갖추는 것이 문제를 잘 풀고 이해하는 능력보다 중요하다는 뜻이다.

헤크먼 교수는 아이가 어릴 때(만 3~4세)부터 인성 교육을 시작해야 한다고 강조한다. 인간의 성장에서 가장 중요한 시기는 8세 전후인데, 이때 아이는 친구와 마음껏 뛰어놀 수 있어야 한다는 것이다. 부모는 아이에게 책을 읽어주고 많은 이야기를 들려주며, 정서적 안정감을 갖게 해주는 것이 가장 중요하다. 그는 0~5세 아이에게 제대로 된 양육과 인성 교육의 기회를 제공하는 것이 고등교육과 양극화 해소, 사회복지와 치안에 엄청난 비용을 쏟아붓는 것보다 훨씬 더 경제적이라고 역설한다.

질문이 있는 교육을 하라

요람 하조니(Yoram Hazony)는 그의 저서 《구약 성서로 철학하기(The Philosophy of Hebrew Scripture)》에서 "구약 성서가 주장하는 덕목은 맹목적 순종이 아니라 진리를 주체적으로 밝히는 삶"이라고 말했다. 구약 성서에는 신의 명령에 의문을 제기하고, 신과 논쟁하고, 심지어 신의 마음을 바꾸게 한 인물들이 등장한다. 유대인의 조상 아브라함은 소돔의 멸망 앞에서 신과 논쟁했으며, 야곱(Jacob)은 신과 밤새도록 씨름하여 새 이름 '이스라엘(Israel: 신과 씨름하는 자라고 해석되기도 한다)'을 받았다. 모세는 불붙은 떨기나무가 타지 않는 것을 보고 왜 그런지 알아보겠다며 스스로 다가감으로써 그 불꽃 가운데서 자신을 부르는 하느님의 음성을 듣게 되었다. 이처럼 성서는 신의 명령을 무조건 받아들이라고 가르치지 않는다. 이사야와 예레미야에게 나타난 신의 첫 말씀은 명령이 아닌 질문이었다. 유대교는 신의 진리를 두고 묻고 따지는 태도를 '탈무드'와 유대인의 전통적인 토론 방법인 '하브루타(Havruta)'에 고스란히 심어놓았다. 진리란 끊임없이 묻고 따지는 과정에서 구할 수 있음을 이 두 가지 교육 방식을 통해 생생히 전하고 있다.

남을 비판하기보다 먼저 자기 성찰을 하라

'남의 눈의 티끌은 보여도 내 눈의 들보는 보이지 않는다'는 격언처럼, 우리는 자기 자신에게 매우 관대한 경향이 있다. 알맹이와 껍데기를 구별하는 일차적 대상이 자신이 되어야 하는 이유다. 먼저 나부터 비판하고 난 다음에, 다른 사람을 비판하고, 사회를 비판해야 한다. 나의 생각이 타당한지, 나의 행동에 문제는 없는지 스스로에게 끊임없이 묻고 성찰하는 자세가 필요하다.

유대인 부모는 아이가 다섯 살 때부터 토라를 읽혀 613개 계명을 익히고 삶에서 실천하도록 지도한다. 아이가 열 살 때부터는 부모와 자녀가 함께 탈무드를 읽고 질문하고 해답을 찾는 과정을 통해 질문하는 사람으로 성장할 수 있도록 지도한다. 유대인 가정에서는 토라로 조기 인성 교육을, 탈무드와 하브루타로 질문하는 연습을 하는 셈이다.

최근 디지털 시대의 교육과 관련하여 인성 교육이 부각되고 있다. 하지만 인성에 대한 의미도, 인성이 좋은 사람에 대한 의미도 제대로 정의 내리지 못하고 있다. 그저 좋은 게 좋은 사람, 자기 목소리를 내지 않고 다른 사람의 의견만 수용하는 사람을 인성이 좋다고 할 수는 없기 때문이다. 탈무드에 따르면 인성이 좋은 사람이란 알맹이를 먹고 껍데기는 버리는 사람이다. 잘못된 것을 잘못되었다고, 아닌 것을 아니라고 말할 수 있는 사람이 진정한 인성의 소유자라는 뜻이다. 사상가이자 민권운동가인 함석헌은 "생각하는 백성이어야 산다. … 생각하면 '씨알'이고 생각하지 못하면 '쭉정이'다."라고 말했다.

이렇듯 우리 사회의 인성 교육의 목표는 스스로 생각할 줄 아는 사람을 길러내는 것이 되어야 한다. 인성 교육이라고 해서 거창한 것이 아니다. 언제 어디서든 '왜'라고 질문할 수 있도록 귀를 열어 놓는 것부터 시작하면 된다. 질문을 해결하는 과정을 통해 자녀는 스스로 생각하는 사람으로 성장할 것이다.

3장

생각이 자라는 탈무드 교육법

아이가 배움의 가치를 깨닫게 하라

❖

교육부는 '공교육 정상화'를 위한 핵심 과제로서, 창의융합형 인재를 기르는 것을 목표로 2015년 9월에 '2015 개정 교육과정'을 발표했다. 개정된 교육과정은 현행 교육과정이 추구하는 인간상을 기초로 창조경제 사회가 요구하는 핵심 역량을 갖춘 창의융합형 인재상을 제시하고, 이러한 인재가 갖추어야 할 핵심 역량으로 다음과 같은 역량을 꼽았다. 즉 자기관리 역량, 지식정보처리 역량, 창의적 사고 역량, 심미적 감성 역량, 의사소통 역량, 공동체 역량이 그것이다(2015 개정 교육과정은 2018년부터 전국 초·중·고등학교에 연차적으로 적용되고 있다).

그렇지만 창의융합형 인재를 기르기 위한 적절한 교육과정은 여전히 찾아보기 어렵다. 창의융합형 인재를 양성하기 위한 시도로, 현재 고등학교 과정에서 문과·이과의 구분을 없애는 것과 수능 대비를 위한 문제풀이에서 벗어나 '말하기·듣기·읽기·쓰기' 4대 영역의 균형 잡힌 영어 수업에 대한 논의 정도가 이루어지고 있는 것이 전부다. 이것이 대한민국 창의 교육의 현주소다.

인공지능 시대에 우리나라 학교의 창의성 교육은 느려도 너무 느리다. 미국의 창의력 교육 분야의 권위자인 김경희 윌리엄앤드 메리대학교(College of William & Mary) 종신교수는 "성적 지향 공부로는 창의력을 기를 수 없기 때문에, 의욕적으로 하고 싶은 공부를 해서 해당 분야의 전문성을 기르고 '틀 안에 갇힌 사고'를 벗어나는 훈련을 해야 한다."고 창의성 교육의 해법을 제시한다. 또한 "한국의 입시 교육은 입시 산업 종사자와 이해관계자가 너무 많아 개혁을 기대하기 어렵다. … 결국 엄마들이 교육 혁신의 각오를 가지고 창의력 교육에 앞장서는 것이 유일한 해법이다."라고 강조한다.

그렇다면 어떻게 아이의 창의력을 기를 수 있을까? 창의력을 키우기 위한 올바른 방법은 무엇일까? 공교육의 한계를 보완할 수 있는 창의력 교육 방법은 무엇일까? 우리는 이에 대한 해법을 수천 년을 이어온 유대인의 교육법, 즉 탈무드와 토라의 가르침에서 찾아볼 수 있다.

특히 창의성과 관련하여 여러 인상 깊은 일화를 남긴 랍비 메이어(Meir)의 삶에서 유대인의 창의성 교육의 비밀을 배워보자. 앞에서도 언급했듯이 랍비 메이어는 가장 유명한 랍비 가운데 한 사람으로 설교를 매우 잘하기로 명성이 높았다고 한다. 랍비 메이어는 그리스어와 라틴어에 능통하여 우화, 비유, 격언을 인용하여 유대교 율법 해석에 새로운 생명을 불어넣고, 합리적인 근거들을 제시하여 해당 율법이 유효한지에 대해 질문하고 연구했다고 한다.

성문 율법이 존재하지 않았던 시기에 율법은 이야기의 형식으로 계승되었다. 유대인 작가 아니타 디아만트(Anita Diamant)는 유대인의 창의성은 '이야기하는 행위'에서 비롯된다고 말한다. 실생활에서 이야기를 즐기고, 이야기를 전달하는 데 관심이 많은 유대인들은 수세기에 걸쳐 전해 내려온 이야기에서 새로운 것을 찾아내기 위해 도전해왔는데, 이런 과정에서 창의성이 발달된다는 것이다.

이렇듯 스승으로부터 전해 들은 이야기를 재해석하고, 새로운 요소를 가미하여 재구성하는 과정에서 랍비 메이어는 창의성을 향상시킬 수 있었다. 랍비 메이어의 경계 없는 관용적인 태도 역시 창의성을 개발하는 요소로 작용했다. 랍비 메이어는 구전 율법 교사였으나 배교한 엘리샤 벤 아부야를 끝까지 스승으로 모신 것으로 유명하다. 배교자를 경계하라는 주변의 만류에도 아랑곳하지 않고 계속하여 그와 교류했으며, 과학적인 주제에 대해서도 토론했다고 전해진다. 율법을 공부하는 사람을 금과 유리에 비유하여 혼합과 융합으로써 새롭게 변화할 수 있음을 언급한 그의 스승 랍비 아키바(Akiva)의 가르침을 삶에서 몸소 실천한 것이다.

랍비 메이어의 삶을 통해 '창의 인재가 되는 법'을 정리해보면 다음과 같다.

1. 사물과 사람을 새로운 관점으로 바라본다.
2. 통념에 대해 질문하고 도전한다.
3. 다른 것, 다른 존재에 대해 관용적인 태도를 취한다.
4. 두 개 이상의 개념을 혼합 또는 융합해본다.

창의성 교육만큼은 아이를 가장 가까이에서 지켜보는 양육자가 중심이 되어 교육해야 한다. 그리고 위 네 가지 사항을 유념하여 아이를 대하고, 아이를 바라보는 시선을 새롭게 해야 한다. 무엇보다 입시 위주의 제도권 교육이라는 기존 통념에 도전할 마음의 준비를 단단히 해야 한다.

우리 집 작은아이(현재 초등학교 6학년)는 다섯 살에 우리말을 시작했을 정도로 말 트임이 늦었고, 초등학교 2학년에 한글을 뗐을 정도로 문자 습득도 늦었다. 왼손을 주로 사용하고, 자신이 흥미를 느끼는 분야가 아니면 강력하게 거부하는 고집스러운 성향도 있다. 초등학교 저학년 때 담임교사는 선행 교육을 시켜서라도 아이가 학교 교육을 따라갈 수 있도록 방과 후에 학습지를 풀게 하고, 학원에 보낼 것을 권했다. 하지만 나는 아이의 성향이 암기 위주의 현행 입시 교육에 맞지 않다고 판단해, 일체의 사교육을 시키지 않고 아이에게 성적에 대해서도 언급하지 않았다. 대한민국의 공교육이 모든 아이에게 적합하다고 생각하지 않기에 홈스쿨링이나 언스쿨링 같은 대안 교육에 대해서도 염두에 두고 있었다. 그러나 예상과 달리 작은아이는 여태 학교를 잘 다니고 있다. 몇몇 과목은 어렵고 싫어하지만 재미있게 여기는 과목도 있고, 무엇보다 선생님과 친구들과 관계를 맺을 수 있어서 좋다고 한다. 아직은 초등학생이라 시험이 적고 성적에 대한 스트레스가 적어서 다닐 만하겠지만, 중·고등학교 시기에 언제든 아이가 원하면 학교를 그만둘 수도 있다고 마음의 준비를 하고 있다.

작은아이의 성향과 특성을 고려하여 나는 이른바 '샛길 프로그램'을 진행하고 있다. 그림 그리기를 좋아하는 아이의 흥미를 살려 학원은 미술학원 한 군데만 다닌다. 작은아이가 초등학교 저학년 때까지는 일주일에 하루 날을 정해서 아이와 함께 도서관에 갔다. 도서관에서 그림책을 한 아름 빌려와 매일 읽었다. 아이가 초등학교 고학년이 되면서부터는 그림책에서 웹툰으로 관심사가 바뀌어 매일 웹툰을 구독한다. 아이가 세계관을 넓히면 좋겠다는 바람으로 세계 각국의 신화, 전설, 민담을 읽어주고 있다. 초등학교 5학년이 되고 나서는 탈무드의 좋은 구절을 읽어주고 그에 관해 대화를 나눈다. 또 한 달에 한 번 미술관 전시회를 보러 간다.

작은아이는 웹툰 작가, 디자이너, 삽화가를 꿈꾼다. 학교에서 아이에게 적합한 교육을 해줄 수 없다는 걸 알기에, 나는 아이의 방과 후 시간을 위해 조금 더 신경을 쓰고 있다. 작은아이를 위한 '샛길 프로그램'을 진행하면서 참고했던 방법이나 실행한 방법을 구체적으로 소개하면 다음과 같다.

주제별 전문 독서법을 실천해보자

한겨레교육 융합독서지도사 과정의 박동호 강사는 지식과 생각의 그물을 만들어주는 독서법으로 특정 주제에 대해 여러 권의 책을 함께 비교하며 읽기를 권한다. 한 기사에 실린 박동호 강사의 '융합독서법'에 관한 인터뷰 내용을 간략히 소개하면 다음과 같다.

100권을 한 번씩 읽는 방법과 10권을 10번씩 읽는 방법, 그리고 한 가지 주제를 다룬 책 100권을 보는 방법 모두 '읽은 횟수'는 같습니다. 100권을 한 번씩 읽는 방법은 교양을 쌓기에는 좋으나 정확하고 정교한 독서법은 아닙니다. 10권을 10번씩 반복해 읽는 것은 '지식 독서'에 적합한 방법으로 머리에 남는 지식의 양이 많아질 수 있습니다. 그런데 마지막 방법은 한 주제에 대해 100여 권의 다양한 책을 읽으며 자연스럽게 내용을 반복하고 또 확장하는 읽기입니다. 예를 들어 정치경제학 서적 100권, 사회학을 다룬 책 100권 등을 '따로 또 같이' 읽는 경우 지식의 융합과 체계화가 더욱 촘촘하게 이뤄지겠지요. 이런 경우 사회 전체를 보는 눈을 지닐 수 있고, 자신만의 새로운 통찰을 얻을 수도 있습니다.

나는 작은아이와 함께 교양과 지식을 쌓는 독서는 물론, 관심 있는 분야의 한 가지 주제에 관해 다양한 책을 읽는 '주제별 전문 독서'를 시도하고 있다. 이 경우 도서관을 활용하면 전문 독서를 하는 데 큰 도움이 된다. 십진분류표에 따라 분야별로 정리된 서가는 전문 독서를 이어가기에 더없이 좋은 환경이다.

따라 그리기를 해보자

작은아이는 그림책 속 감동적인 장면이나 웹툰에서 마음에 드는 장면을 포착해 '따라 그리기'를 한다. 처음에는 똑같이 그리다가 조금씩 변형하고 응용해서 아이만의 스타일이 형성되고 있다.

이야기를 만들어보자

작은아이와 나는 책에서 한 가지 이야기를 선택하여(예컨대 《그림 형제 동화집》 중에서 선택) 이야기를 해석하고, 내가 주인공이라면 어떻게 했을까를 상상하며 이야기를 다르게 만들어보는 활동을 한다. 또한 등장인물의 성격을 다르게 부여하여 새로운 이야기를 자유롭게 구상해본다.

일상에서 새로운 활동을 시도해보는 것만으로도 아이의 창의성을 키우는 데 큰 도움이 된다(실제로 작은아이는 한 방송사의 영재 발굴 프로그램을 위한 참가 의뢰를 받기도 했다). 유대인 격언 중에 '현자의 말을 들으려고 귀를 기울이되, 내 생각이 무엇인지 내 마음을 직시하라'라는 말이 있다. 창의성이란 세상에 없던 것을 만들어내는 것이 아니라, 이미 만들어진 것을 자세히 들여다보고 귀담아들으며, 내 마음에 일어나는 변화를 예의주시할 때 길러진다. 아이가 좋아하는 활동으로 시작해 조금씩 영역을 확장해보자. 무엇보다 아이가 보고 듣고 충분히 상상할 수 있도록 지켜봐주고 시간을 내어주자.

13.

왜 공부하는지
자신을 아는 것이 먼저다

공부의

의미에

대하여

로드(Lod)에 있는 니자의 집에 장로들이 모여 있을 때, 다음의 질문이 주어졌다. "공부와 행동 중 어느 것이 더 위대한가?"

랍비 타르폰이 대답했다. "행동이 더 위대하다."

랍비 아키바가 대답했다. "공부가 더 위대하다. 공부가 행동으로 이어지기 때문이다."

거기 있는 모든 사람이 말했다. "공부가 더 위대하다. 하지만 공부만으로 위대하지는 않다. 공부가 행동을 이끌 때 비로소 위대해진다."

—키두신* 40b

* 키두신(Kiddushin)은 탈무드의 세 번째 순서인 나심의 일곱 번째 소논문이다.

❖

기원전(BC) 200년경에 활동한 랍비 시므온(Simeon)은 세상을 유지하는 기둥 세 가지에 대해 말했다. 그것은 '토라 공부, 기도, 행동(선행의 실천)'인데, 이 중에 어느 하나라도 소홀해서는 안 된다고 보았다. 그리고 세 가지 기둥이 서로 균형이 맞을 때 바른 세상을 이룰 수 있다고 말했다.

앞에 제시한 키두신의 일화는 공부와 행동 중 어느 것이 더 위대한가라는 질문을 두고 랍비 아키바(Akiva ben Yosef)와 랍비 타르폰(Tarfon) 사이에 벌어진 논쟁을 다룬다. 랍비 타르폰은 행동이 더 위대하다고 했고, 랍비 아키바는 공부가 더 위대하다고 했다. 아키바는 공부함으로써 행동의 중요성을 알아차리게 되므로, 행동을 촉발시키는 공부가 더 위대하다고 보았다.

이 이야기에서 알 수 있듯이, 탈무드는 공부가 행동보다 위대하다고만 가르치지 않는다. 공부와 행동을 모두 중시한다. 키두신에서는 공부가 더 위대하다고 전하지만(키두신 40b), 아보트에서는 행동이 더 중요하다고 전한다(아보트 1:17). 또 베라코트에서는 공부의 목적이 회개와 선행에 있다고 말한다(베라코트 17a). 아보다 자라*에서

* 아보다 자라(Avodah Zarah)는 탈무드의 네 번째 순서인 네지킨의 여덟 번째 소논문이다.

는 공부만 하는 사람은 신이 없는 것처럼 행동한다고 하며, 행동으로 이어지지 않는 공부의 위험성을 경계하라고 가르친다(아보다 자라 17b). 이렇듯 탈무드는 공부와 행동과의 연관성을 강조한다. 행동으로 이어질 때 비로소 공부의 가치가 위대해진다고 말한다.

공부는 세상에 생명을 주는 행위다

"공부를 왜 하는지 모르겠어요."

초등학생과 중·고등학생, 대학생을 막론하고 우리 사회에서 학생이라 불리는 이들에게 공부를 왜 하는지 물어보면 돌아오는 대답이다. 어린이 잡지 〈고래가 그랬어〉의 발행사는 창간 5주년을 기념으로 전국 24개 초등학교 1,496명의 초등학생을 대상으로 공부를 왜 하는지에 대한 이유를 설문조사 했다(2008년). 그 조사 결과에 따르면 56.7%의 초등학생이 '원하는 직업을 갖기 위해' 공부한다고 답했다. 그리고 '부모를 기쁘게 하기 위해'가 14.4%, '부모에게 혼나지 않으려고'가 7.8%로, 총 22.2%의 초등학생이 부모 때문에 공부한다고 답했다. 그 외에 '뭔가 알게 되는 것이 기뻐서'가 11.1%, '생각해본 적 없다'가 10.3%로 조사되었다.

조사 대상자의 절반이 넘는 초등학생이 '원하는 직업을 갖기 위해' 공부한다고 답했는데, 과연 우리 아이들은 공부를 하면 원하는 직업을 갖게 될까? 대부분의 경우 중·고등학생 시기를 지나면서 아이들의 꿈은 좌절된다. 취업포털 커리어의 조사 결과(2016년), 대학생 56.2%가 '대학 진학 시 전공 선택에서 장래 희망 직업을 고려하지 않는다'고 답했다. 그 이유로는 '점수에 맞춰 학과(학교)를 선택했기 때문'이라는 응답이 52.2%로 가장 높았다. 대학을 졸업한다고 취업이 보장되는 시대가 아님에도 불구하고, 우리나라에서 공부란 '대입'이라는 관문을 통과하기 위해 성적을 올리는 수단으로 작용한다. 대학 전체 졸업생의 5%를 차지하는 최상위권 대학의 일부 인기 있는 학과에만 해당되는 이른바 'SKY 캐슬' 입성을 위해 하루 평균 초등학생이 4시간 36분을, 중학생이 5시간 57분을, 고등학생이 6시간 44분을 공부하는 데 할애한다(2019년 통계청).

그렇다면 유대인에게 공부란 무엇일까? 기원후(AD) 70년, 유대인은 로마에 패배한 후 전 세계로 흩어지면서 절대 위기를 맞았지만 공부를 중시하는 공동체를 이루면서 위기를 극복했다. 랍비 시므온이 강조했듯, 유대인에게는 공부가 세상을 유지하는 기둥이 되어준 것이다. 탈무드에는 수많은 현자들이 공부의 의미에 관해 대화를 나눈 생생한 기록이 남겨져 있다. 공부를 왜 하는지 그 목적에 대해 답을 구하기 어려운 학생들이 탈무드를 읽는다면 배움에 대한 동기부여를 하는 데 도움이 될 것이다.

랍비들이 전하는 공부에 대한 여러 주석 가운데 인상 깊은 것을 꼽자면 랍비 함누나(Hamnuna)의 정의다. 랍비 함누나는 공부를

'물'에 비유하여, 토라 공부가 미츠바(유대교 계명) 중 가장 우선이라고 말했다. 게마라는 랍비 함누나가 정의하는 공부에 대해 "세상에 생명을 주는 행위"라고 해석한다. 우리 사회에서 공부는 아이들을 살리는 공부라기보다 입시를 목표로 아이들을 죽이는 공부에 가깝기 때문에 나 역시 이 해석이 더욱 마음에 남는다. 한국청소년정책연구원의 '한국 아동·청소년 인권 실태 2018 총괄보고서'에 따르면, 중학생의 경우 32%가, 고등학생의 경우 35.3%가 '죽고 싶은 생각이 들었다'고 답한 것으로 나타났다. 이 참담한 결과는 우리 사회에 생명을 살리기 위한 공부가 무엇보다 시급하다는 것을 알려준다.

공부는 행동으로 이어져야 한다

❖

어떤 사람이 천국과 지옥에서 식사하는 풍경을 구경하게 되었다. 음식이나 환경이 전혀 다를 것이라는 예상과 달리 천국과 지옥에서 먹는 음식은 모두 같았다. 굉장히 긴 젓가락을 사용하는 것도 같았다. 식사 시간이 되자, 천국과 지옥의 차이점이 드러났다. 지옥에서는 긴 젓가락으로 각자 자기 입에 음식을 넣으려고 애썼지만, 천국에서는 긴 젓가락으로 맞은편 사람에게 음식을 먹여주고 있었다. 지옥에서는 긴 젓가락 때문에 음식을 먹을 수 없다고 아우성이었지만, 천국에서는 모두가 평화롭고 즐거운 식사를 하고 있었다.*

위 '천국과 지옥의 긴 젓가락' 이야기에서 지옥의 아귀다툼은 마치 우리 사회의 모습을 떠올리게 한다. 긴 젓가락으로 각자 자기 입에 음식을 넣으려는 모습이 친구와 이웃을 경쟁자로 여기며 나와 내 자녀의 성공만을 위하는 모습과 닮았다. 그렇게 애쓴다고 원하는 직업을 갖고 경제적으로 여유로운 삶을 살게 되는 것도 아닌데 말이다. 오직 자신의 안위만을 위해 공부한다면 우리 사회는 이른바 '헬조선'을 벗어나지 못할 것이다. 모두가 함께 잘 살아가기 위해 나와 공동체의 공존을 위한 공부를 해야 한다. 공부하는 이유를 다시 정립해야 한다.

랍비 타르폰과 랍비 아키바의 논쟁이 보여주듯, 유대인에게 공부란 상호작용이다. 두 사람 이상이 대화를 나누면서 질문에 대한 해답을 찾아가는 과정 자체가 공부다. 랍비 함누나의 공부에 대한 정의에서 알 수 있듯이 유대인은 생명을 살리기 위해 공부한다. 공부는 '생명을 살리는 행동'으로 이어져야 한다고 강조한다. 세상을 유지하는 기둥 중 다른 한 축인 행동을 선행, 또는 나눔의 실천으

* 출처 미상으로, 많은 사람들 사이에 널리 퍼져 있을 정도로 유명한 이야기다. 덧붙이자면, 교황 요한 바오로 1세가 한국의 한 장교에게 들은 내용이라고 언급하면서 당신 자신도 즐겨 인용한다고 말했을 만큼 널리 알려진 이야기다.

로 해석하는 것도 같은 이유다. "실천 없는 이론은 공허하고, 이론 없는 실천은 맹목적이다."라는 칸트의 말과 같이 공부와 행동이 어떻게 연관되는지 잘 보여준다. 행동 없는 공부는 공허하고, 공부 없는 행동은 맹목적이다.

자녀에게 무작정 공부하기를 바라지 말고 부모부터 공부를 왜 하는지 그 궁극적인 목적을 인식해야 한다. 경쟁에서 이기기 위함이 아니라 생명을 살리기 위해, 세상을 유지하는 기둥으로써 선행하기 위해 공부해야 한다고 그 이유를 명확하게 정립해야 한다. 자녀를 입시 지옥에서 벗어나게 하려면 부모가 먼저 용기를 내야 한다. 자녀에게 적자생존의 원리를 강조하며 무한 경쟁에서 살아남을 문제풀이 실력만을 키워주고 있지는 않은지 돌아봐야 한다.

그런 다음에 자녀에게 공부를 왜 하는지 질문하고 생각해보는 시간을 가져보자. 대화를 나누면서 공부하는 이유가 무엇이고, 공부가 어떻게 행동으로 이어져야 하는지 생각해보자. 가령 자녀가 원하는 직업을 갖고 싶어서 공부한다고 대답한다면, 어떤 일을 하고 싶은지 물어보면 좋을 것이다. 자녀가 흥미를 느끼는 직업 중에는 대학 공부가 필요한 것도 있고, 아닌 것도 있을 것이다. 자녀가 하고 싶은 일이 무엇인지 파악하고, 그 일을 하기 위해서 어떤 과정이 필요한지 알아보는 시간을 갖자. 나아가 그 직업이 공동체에 어떤 기여를 하는지도 알아보자. 그 과정에서 생명을 살리는 것이 무엇인지에 대해서도 이야기를 나누어보자.

14.

멀지만 가까운 길로 가라

공부의

길에

대하여

랍비 여호수아가 여행 중에 교차로에 이르렀다. 교차로에 앉아 있는 어린 소년에게 물었다. "마을로 가려면 어느 길로 가야 하느냐?"

소년이 대답했다. "이 길은 가깝지만 먼 길이고, 저 길은 멀지만 가까운 길입니다."

랍비 여호수아는 첫 번째 길로 향했다. 마을에 가까워지자, 길은 덤불로 막혀 있었다. 랍비 여호수아가 교차로로 거슬러 가서 소년에게 다시 물었다. "이 길이 가까운 길이라고 하지 않았느냐?"

소년이 대답했다. "먼 길이라고도 하지 않았습니까? 거리는 가까워도 목적지에 도착하기까지 오래 걸리기 때문이지요."

랍비 여호수아는 소년의 지혜에 감탄하여, 그의 머리에 입을 맞추고 말했다. "이스라엘 백성은 모두 이렇게 지혜롭구나."

—에루빈 53b

❖

랍비 여호수아(Joshua ben Hananiah)는 후세 사람들에게 유대인의 재치와 지혜를 가진 대표적 인물이라는 평가를 받고 있다. 랍비 여호수아는 언제나 대답이 준비된 사람이라고 불릴 만큼 언변에 뛰어났다고 한다. 탈무드는 이렇게 칭송받는 랍비 여호수아의 생애에서 그의 지혜를 능가한 세 사람으로 여관 주인과 여종, 그리고 어린 소년과의 만남을 소개한다. 에루빈에 기록된 '멀지만 가까운 길' 이야기는 그중 어린 소년과의 일화다.

토라 학자에게 토라 공부란 끝이 보이지 않는 머나먼 길에 비유할 수 있다. 토라 학자가 되기를 열망한다면 일생 동안 묵묵하게 그 길을 가야 한다. 랍비 여호수아는 소년과의 만남에서 지름길이 자신을 목적지로 인도하는 길이 아니라는 것을 깨달았다. 이처럼 탈무드는 랍비 여호수아에게 인생의 중대한 교훈을 가르쳐준 소년과의 일화를 후세의 사람들을 위해 기록으로 남겼다.

앞서려고 지름길을 선택한다면

❖

우리는 누구나 지름길을 찾는 경향이 있다. 시간과 노력을 아끼기 위해 더 빠르고 쉬운 길을 선택한다. 자녀 교육에서도 마찬가지다. 자녀의 발달단계마다 부모는 여러 방향으로 길이 나 있는 교차로를 만난다. 여러 선택지 앞에서 어린 자녀를 어느 쪽으로 이끌어야 할지 부모의 고민은 깊어지기 마련이다. 자녀가 성장함에 따라 그 고민은 더욱 깊어진다. 자녀가 더 빨리 더 쉽게 목표에 도달하기를 바라는 마음으로 지름길을 찾는다. 조기교육과 선행 학습이 기승을 부리는 이유다.

육아정책연구소가 발표한 보고서에 따르면(2017년), 우리나라 2세(이하 만 나이) 아동과 5세 아동의 사교육 비율이 각각 35.5%와 83.6%에 달하는 것으로 조사되었다. 2세 아동의 경우 주당 2.6회로 회당 교육시간은 47.6분이고, 5세 아동은 주당 5.2회로 회당 교육시간은 50.1분 사교육을 받는 것으로 조사되었다. 과목은 국어, 영어, 수학 등 일반 학습 과목부터 음악, 미술, 체육 등 예체능 과목까지 다양하다. 반일제 이상 학원에 다니는 5세 아동의 경우는 학원에서 4시간 54분을, 그 외에 다른 사교육으로 81분을 추가로 사용했다. 즉, 사교육을 받는 시간이 하루 총 6시간 15분에 달했다.

한편 이기숙 이화여자대학교 유아교육과 교수가 이끄는 연구팀은 5세 때 문해(읽기) 관련 조기 사교육을 받은 아이 181명을 대상으로 추적 연구를 실시했다(2013년). 그 결과, 조기교육을 받은 초등학교 3학년 아이의 '읽기 이해 능력'과 '어휘력'이 조기교육을 받지 않은 아이에 비해 현저히 낮은 것으로 조사되었다. 조기교육을 받은 초등학교 4학년과 중학교 1학년 아이의 국어·수학 점수가 조기

교육을 받지 않은 아이의 점수보다 낮게 나왔다. 또 조기교육을 받은 아이의 창의성 점수와 사회정서발달 점수 역시 조기교육을 받지 않은 아이보다 낮은 수치를 보였다.

이렇듯 교육 전문가들은 조기교육의 무효성에 대해 동의하는 입장을 밝히고 있다. 하지만 부모 입장에서 내 자녀만 뒤처지면 안 된다는 조급한 마음 때문에 조기교육이라는 '가깝지만 먼 길'로 들어서게 된다. 두 아이의 엄마로서 나 역시 아이들이 어릴 적에 조기교육의 길로 들어섰다 빠져나오기를 반복했다. 특히 외국어 교육의 경우 엄청난 열정으로 밀어붙이곤 했다. 그 결과 득도 있었지만 실도 있었음을 고백한다(실제로 나는 10년 동안 엄마표 영어 공부 기록을 엮어 《엄마가 시작하고 아이가 끝내는 엄마표 영어》 책을 쓰기도 했다).

지름길로 가서 목표에 보다 일찍 도달할 수 있다면 얼마나 좋을까? 하지만 랍비 여호수아가 그랬듯, 조금 빨리 가려다 오히려 길을 잃거나 왔던 길로 되돌아가야 하는 상황이 생길 수 있음을 기억해야 한다.

천천히 가되 목표에 이르는 탈무드 공부법

❖

랍비 여호수아의 이야기에서 소년이 말한 '멀지만 가까운 길'이란 어떤 길일까? 과연 우리는 지름길을 눈앞에 두고도 돌아가는 길을 선택할 수 있을까? 탈무드의 에루빈에서는 멀지만 가까운 길을 묵묵히 가는 지혜를 엿볼 수 있다(에루빈 54). 탈무드가 전하는 천천히 가되 목표에 이르는 학습 방법을 정리하면 다음과 같다.

온몸으로 공부하라

라브 아미(Ami)는 "네 입술 위에 함께 있게 함이 아름다우니라."(잠언 22:18)를 들어, 공부할 때는 소리를 내야 한다고 말했다. 마찬가지로 랍비 엘리에제르(Eliezer)는 자신의 제자 중 소리 내지 않고 공부하던 제자가 3년 후에 그가 배운 것을 모두 잊어버린 사례를 전하며, 공부는 소리 내서 해야 한다고 강조했다. 랍비 이츠하크(Yitzhak)는 "오직 그 말씀이 네게 매우 가까워서 네 입에 있으며 네 마음에 있은즉, 네가 이를 행할 수 있느니라."(신명기 30:14)를 들어, "토라를 읊을 수 있고 토라가 마음에 새겨져 있을 때 행동할 수 있으며, 이러한 공부가 명확한 공부다."라고 말했다.

견디는 힘이 필요하다

배움의 길은 끝이 보이지 않는 머나먼 길이다. 먼 길을 지치지 않고 완주하기 위해서는 견디는 힘이 필요하다. 랍비 엘리에제르는 토라 공부를 견디기 위한 자세로 다음의 세 가지를 꼽았다. 그것은 누구에게나 열려 있는 향기로운 꽃밭처럼 겸손한 태도와 돌판 같은 부지런함, 그리고 신의 말씀이 새겨진 판처럼 배운 바를 마음에 새기는 습관이다. 랍비 엘리에제르는 이런 자세로 공부에 정진한다면, "맛다나에서 나할리엘에 이르렀고, 나할리엘에서 바못에 이르렀고, 바못에서 모압 들에 있는 골짜기에 이르러 광야가 내려다보이는 비스가 산꼭대기에 이르듯"(민수기 21:19~20), 토라 학자가 되는 머나먼 길의 목표 지점에 도착할 수 있다고 말했다.

공부를 완성하는 것은 복습이다

랍비 엘라자르(Elazar)는 사냥꾼의 비유를 들어 복습의 중요성을 설파했다. 그는 이미 잡은 사냥감을 붙잡아두지 않고 더 많이 잡으려다가 이미 잡은 사냥감마저 놓치는 사냥꾼에 비유하여, 배운 것을 복습하지 않고 계속 새로운 것을 공부하려는 사람은 토라 공부에 성공할 수 없다고 말했다. 라브 디미(Dimi)는 똑똑한 사냥꾼이 사냥한 먹이를 안전하게 간수하듯, 똑똑한 학생은 배운 것을 잘 간직하는 사람이라고 말했다. 라브 후나(Huna)는 "허영심으로 얻은 재산은 줄어들 것이다. 그러나 조금씩 모으면 그 재산은 늘어날 것이다."(잠언 13:11)를 들어, 한꺼번에 많은 양을 공부하는 것보다 조금씩 공부하고, 배운 것을 복습하는 자세가 중요하다고 말했다.

탈무드를 읽기 시작하면서 우리 집에 큰 변화가 생겼다. 아이들 사교육에 대한 관심이 크게 줄어든 것이다. 세 살에 스스로 한글을 떼고 다섯 살에 영어 파닉스를 깨친 큰아이를 위해 나는 아이의 발달단계를 넘어서는 영재교육에 관심이 많았다. 하나를 알려주면 열을 알아듣는 큰아이를 데리고서 사교육의 길에 들어섰다가 아니다 싶어 빠져나오기를 반복했다. 하지만 탈무드를 읽고 생각하는 시간이 늘면서 선행 학습을 위한 사교육의 교차로에 설 때면, 랍비 여호수아가 만났던 지혜로운 소년을 떠올리며 '가깝지만 먼 길로 갈 것인가?'를 스스로에게 물었다. 교차로에 서서 이 길이 '가깝지만 먼 길'은 아닌지 의심했다. 그렇게 탈무드의 이야기를 곱씹다 보면 좀 더 장기적인 시선으로 '멀지만 가까운 길'의 의미를 떠올리게 되고 차츰 조급했던 마음이 가라앉으면서 자연스레 사교육에 대한 관심도 사라졌다.

아이들은 이러한 나의 변화를 환영했다. 탈무드에 대체 뭐라고 쓰였기에 엄마가 달라졌는지 자주 물었다. 그럴 때면 나는 탈무드 에루빈을 펼쳐 '멀지만 가까운 길'을 읽어주었다. 탈무드 공부법을 경험하면서 여태 빡빡한 커리큘럼을 고수했던 엄마표 영어도 느슨하게 바꾸었다. 랍비 여호수아의 어머니가 하셨던 것처럼, 아이가 외국어를 잘하기를 바란다면 아이 귀가 외국어 소리에 익숙해지도록 환경을 조성하는 것이 양육자로서 내가 해줄 수 있는 전부라는 것을 깨달았기 때문이다.

길을 끝까지 가보지 않고서는 알 수 없으니, 내가 선택한 '멀지만 가까운 길'이 '멀고도 먼 길'이면 어떡하나 염려스럽기도 하다. 하지만 이제는 예전처럼 흔들리지는 않는다. 진짜 공부란 온몸으로 배우고 마음에 새기며 행동으로 옮기는 것임을, 지루함을 견디며 단단하게 한 걸음 한 걸음 내딛는 과정임을 알게 되었기 때문이다. 그 과정에서 부모와 자녀는 조금씩 성장할 것이다. 기나긴 길에서 아이는 때로 장애물을 만날 수 있다. 아이가 스스로 장애물을 헤치고 가던 길을 계속 갈 수 있도록 겸손한 자세와 배운 바를 마음에 새기는 습관을 키우는 것이 무엇보다 중요하다. 그러니 기꺼이 '먼 길'을 가기로 다짐한다. 아이 뒤에서 부모로서 아이가 자신의 길을 걸어가는 모습을 지켜볼 것이다.

15.

스스로 해내는 과정이 진짜 공부다

공부법에

대하여

힐렐은 매우 가난했다. 하루 종일 일하고도 겨우 반 디나르(dinar: 화폐 단위의 일종)밖에 벌지 못했다. 그럼에도 그중의 반을 학비에 썼다. 추운 겨울이 되자, 힐렐은 일을 구하지 못했고 돈을 한 푼도 벌지 못하여 학비를 낼 수 없었다. 그래도 공부를 포기하지 않았다.

학당의 지붕에 채광을 위한 작은 창문이 하나 있었다. 어느 추운 금요일, 공부를 계속하겠다는 각오로 힐렐은 지붕 위로 올라가 창문을 통해 수업을 들었다. 눈이 내리기 시작했고, 힐렐은 수업을 듣다가 잠이 들었다. 밤새 눈이 내려 힐렐은 눈 속에 파묻혔다. 다음 날 아침, 창문에 햇빛을 가로막는 물체가 있는 것을 발견한 학생들이 지붕 위로 올라가 눈에 덮인 힐렐을 건져냈다. 그 날은 안식일이었고 불을 지피는 것은 금지되었으나, 힐렐을 살리는 일이 시급했으므로 불을 지펴 동사 직전의 그를 구했다.

–요마* 35b

---

* 요마(Yoma)는 탈무드의 두 번째 순서인 모에드의 다섯 번째 소논문이다.

❖

힐렐은 기원전(BC) 70년경 바빌론에서 태어났다. 마흔 살에 토라를 더 공부하겠다는 열망으로 예루살렘으로 이주하여, 당시 유대교 지도자들을 찾아가 수업을 들었다. 이후 힐렐은 힐렐 학파를 창시했고, 수많은 제자를 길러냈다.

탈무드 요마에서 전하는 힐렐의 일화는 가난한 학생 시절 힐렐이 어떻게 공부했는지를 잘 보여준다. 탈무드는 힐렐이 동사를 무릅쓰고 수업을 들은 장면을 전한다. 이는 기원전 1세기에 유대인이 무상 의무교육제도를 도입한 계기가 되었다. 힐렐 사건 이후, 유대인 사회는 모든 학생이 수업료 없이 교육을 받을 수 있도록 했다. 유대인이 이스라엘을 건국하고 가장 먼저 갖춘 것도 의무교육제도였다. 3~18세 이스라엘 국민은 경제적 지위나 인종에 관계없이 누구나 무료 교육을 받는다.

아이들 사교육비 얼마나 쓰세요?

❖

우리나라는 교육에서 사교육이 차지하는 비중이 너무나 크다. 우리나라 대학생의 4명 중 3명이 사립대학교에 다닌다. 대학교육연구소의 2017년 통계자료를 보면, 사립대학교 재적생이 238만

1,857명으로 전체 재적생의 77.7%를 차지한 것으로 나타났다. 국립대학교는 66만 269명으로 21.5%, 공립대학교는 2만 3,951명으로 0.8%에 그쳤다. 우리나라 고등교육의 사립 편중 현상이 극심하다는 것을 알 수 있다.

대학 등록금의 경우, 사립대학교의 등록금이 국공립대학교의 등록금보다 두 배 가까이 높은 것으로 나타났다. 교육부 자료에 따르면, 2019년 4년제 대학에 재학하는 대학생 한 명이 부담해야 하는 연간 평균 등록금은 약 644만 원인 것으로 조사되었다. 국공립대학교의 평균 등록금이 약 387만 7,000원인 것에 비해, 사립대학교의 평균 등록금은 1년에 약 711만 5,600원으로 약 323만 원가량 더 비싼 것으로 집계되었다.

그렇다면 자녀 한 명을 대학 교육까지 마치는 데 비용이 얼마나 들까? 통계청의 '2018년 초·중·고 사교육비 조사 결과'를 토대로, 최근 사교육비 통계를 추가 반영하여 산출한 결과를 살펴보자. 그 결과에 따르면, 자녀 양육비는 1자녀 가구의 경우 월 85만 원, 2자녀는 월 153만 원, 3자녀는 월 175만 원으로 나타났다. 각 금액을 바탕으로 20년 동안 투입되는 총금액을 단순하게 산출하면 1자녀는 2억 원, 2자녀는 3.7억 원, 3자녀는 4.2억 원이 소요될 것으로 전망된다. 종합하면, 자녀 한 명당 대학 졸업 때까지 교육비와 양육비를 합해 평균적으로 약 3억 원 이상이 든다는 계산이 나온다.

교육비에 비춰볼 때, 우리나라의 교육 불평등은 심각한 수준임을 알 수 있다. 자녀를 양육하고 교육하는 데 비용이 너무 많이 든다. 부유한 가정의 자녀는 좋은 환경에서 양질의 교육을 받지만, 가난한 가정의 자녀는 기본적인 교육마저 소외되기 쉽다. 자본주의와 사교육이 손잡고 가정경제를 위협하는 상황이다. 자녀의 교육비를 마련하기 위해 우리나라의 부모는 오랜 시간을 노동하며 노후 자금까지 밀어 넣고 있다.

사교육 편중으로 인한 높은 자녀 교육비는 우리 사회의 가장 큰 문제 중 하나다. 이러한 교육 실태를 바꾸기 위해 힘을 모으는 동시에, 자녀가 성장하는 지금 가정에서도 대안을 모색해야 한다.

스스로 익힌 공부가 진짜 공부다

❖

탈무드에 담긴 공부에 관한 이야기를 읽으면서, 공부란 돈으로 사고파는 것이 아니라는 것을 깨달았다. 우리말의 '기도' 또는 '축복'으로 번역되는 베라코트(Berakhot)를 읽다 보면, 경건하게 기도하는 유대인의 모습이 그려진다. 그들은 매일 아침을 기도로 시작하고, 오후기도와 저녁기도를 한다. 저녁에는 토라를 공부한다. 이러한 기도와 토라 공부를 평생에 걸쳐 지속한다. 베라코트에는 아침기도와 오후기도, 저녁기도를 언제 해야 하는지 기도하는 시간에 대해 랍비들이 토론한다. 정해진 시간에 기도하지 않고 미루면 어떻게 해야 하는지, 기도보다 급한 일에는 어떤 일들이 있는지, 기도하지 않았을 경우는 또 어떻게 해야 하는지 상세하게 논의하며 서로 공부한다.

이처럼 유대인에게 공부가 대체 무엇이기에 힐렐은 추운 겨울날 학당의 지붕에까지 올라가서 수업을 들었던 것일까? 전 세계에 뿔뿔이 흩어져 디아스포라(Diaspora: 특정 민족이 정치, 종교 등의 이유로 고향 땅을 떠나 다른 지역으로 이동하는 현상)적 삶을 살아가는 유대인이 교육 공동체를 지향하는 이유는 무엇일까?

탈무드가 전하는 유대인의 기도하는 모습에서 공부의 본질에 대한 생각을 정리할 수 있었다. 유대인에게 공부란 곧 기도이며, 기도란 곧 공부다. 탈무드가 전하는 공부란 기도와 마찬가지로 나와 공동체를 위해 자신을 갈고닦는 행위다. 진짜 공부란 돈을 주고 살 수 없고, 남이 대신해줄 수도 없다. 오직 스스로의 의지로 해내야 하는 실천적 과업이다.

그렇다면 공부의 본질을 추구하려면 어떻게 공부해야 할까? 유대인이 매일 기도하는 것처럼, 매일 시간을 정해놓고 그 시간에는 반드시 공부해야 한다. 어쩌다 한 번 하는 것이 아니라 매일 꾸준히 운동해야 체력이 길러지듯이, 공부도 매일 해야 공부 체력이 길러진다. 이러한 공부 체력을 바탕으로 평생 공부를 이어가야 한다.

독서로 공부의 기본기를 기르자

❖

부모의 재력에 상관없이 누구나 할 수 있는 '독서'야말로 공부의 본질이자 시작이다. 독서 능력은 공부의 기본기이자 공부 체력이다. 공부를 못 하는 이유는 대부분 가장 기본이 되는 독서 능력이 부족하기 때문이다. 책 속 활자를 읽어내는 것이 독서가 아니기에, 책을 좋아하는 모든 아이가 독서를 제대로 한다고 할 수 없다. 독서는 생각하는 과정이 따라야 한다. 책 속에서 저자가 담고자 한 생각을 캐내어 이해하는 과정을 거쳐 내 것으로 만들어야 책을 제대로 읽은 것이다. 자녀가 제대로 독서하고 있는지 다음의 세 단계를 참고로 올바른 독서 습관을 길러주자.

문장 제대로 읽기

문장이란 사람의 생각을 담는 가장 작은 단위다. 천 리 길도 한 걸음부터라는 속담이 있듯이, 두껍고 어려운 책도 하나의 문장을 읽는 것에서 출발한다. 한 문장 한 문장을 제대로 읽어낼 때, 책 한 권을 알차게 읽어낼 수 있다. 문장을 제대로 읽기 위한 좋은 방법은 아이가 책 속 문장을 읽고, 자신의 언어와 문장으로 설명하는 연습을 해보는 것이다. 이는 효과적인 독서법일 뿐만 아니라 아이의 표현력을 키울 수 있는 좋은 방법이다.

문단 제대로 읽기

문단이란 여러 문장이 모여 하나의 중심 생각을 나타내는 생각 덩어리의 단위다. 문단은 주제 문장과 주제를 뒷받침하는 문장, 주제를 강조하는 문장으로 이루어진다. 아이가 문단을 읽고 주제 문장을 찾아 문단의 주된 내용이 무엇인지 파악할 수 있도록 문단 제대로 읽기 연습을 시도해보자.

장(章) 제대로 읽기

장이란 글의 내용을 체계적으로 나누는 구분의 단위다. 한 개의 장은 여러 개의 문단으로 이루어져 하나의 완결된 내용을 담고 있다. 장을 읽을 때 주제 문단을 찾아 주제를 파악하고, 주제 문단을 제외한 나머지 문단의 내용을 요약하여 장 전체 내용을 파악해보는 연습을 통해 장 제대로 읽기를 시도해보자.

독서할 때, 위 세 단계 방식으로 '제대로 읽기'를 실천하면 아이의 독서 능력을 키울 수 있다. 쉬운 책부터 차근차근 읽기 연습을 하면 자연스럽게 습관이 될 것이다. 자녀에게 관심 분야가 생기면, 해당 분야 전반에 걸쳐 독서 계획을 세우고 한 권씩 제대로 읽기를 실천하면 된다.

안타깝게도 대한민국은 실질적 문맹 국가다. 실질적 문맹이란, 새로운 정보나 필요한 기술을 배울 수 없을 만큼 문자 해독 능력이 떨어지는 경우를 일컫는 말이다. 한국교육개발원(KEDI)의 자료에 따르면(2004년), 한국의 실질적 문해율은 OECD 국가 중 최저 수준인 것으로 나타났다. 우리나라 국민 중 생활정보가 담긴 각종 문서에 매우 취약한 사람이 38%나 되어 OECD 회원국 평균(22%) 수준에도 못 미치는 것으로 조사되었다. 고도의 문서 독해 능력을 지닌 사람은 2.4%에 불과해, 노르웨이가 29.4%, 덴마크가 25.4%, 핀란드와 캐나다가 25.1%, 미국이 19%인 것에 비해 매우 낮은 수준이다. 특히 중·장년층은 글을 읽고 의미를 파악하는 실질적 독해 능력이 OECD 최저 수준인 것으로 나타났다.

문화체육관광부가 실시한 '2019년 국민독서 실태조사'에 따르면, 한국의 성인 평균 독서량이 연간 7.5권인 것으로 조사되었다. 그도 그럴 것이 한국은 OECD 국가 중에서 연평균 노동시간이 세 번째로 긴 나라다. 너무 오랜 시간을 일에 쏟아붓기 때문에 독서할 시간이 부족하고, 그렇다 보니 문해력 저하로 이어질 수 있다는 것이 전문가들의 분석이다. 하지만 독서는 양보다 어떻게 제대로 읽느냐가 중요하고, 매일매일 조금씩이라도 습관처럼 읽는 것이 중요하다. 무엇보다 부모가 먼저 독서를 해야 한다. 독서의 중요성을 부모가 몸소 보여주는 것이다. 부모의 모습을 보고 자녀는 따라 하기 마련이다. 부모와 자녀가 함께 책을 읽고 소통할 때, 가정뿐만 아니라 우리 사회도 보다 성숙해질 것이다.

16.

질문하는 힘이 곧 창의력이다

질문과

다양성에

대하여

지혜로운 아들이 "신께서 명하신 율법이 무엇입니까?"라고 물으면, 그에게 유월절의 모든 율법을 가르쳐라.

악한 아들이 "이 예배가 무슨 의미입니까?"라고 물으면, 그에게 "내가 이집트를 떠날 때 나를 위해 신께서 행동하셨다. 그리하여 나는 신의 계명을 이행하는 것이다."라고 답하여라.

어리석은 아들이 "이것이 무엇입니까?"라고 물으면, 그에게 "신께서 강한 손으로 우리를 이집트 노예의 집에서 건져내셨다." 라고 답하여라.

묻는 방법을 모르는 아들에게는 먼저 대화의 문을 열어주어야 한다. 그런 다음, 그에게 "내가 이집트를 떠날 때 신께서 나를 위해 해주신 일 때문에 이 예식을 행하는 것이다."라고 말하여라.

–하가다 마기드,* '네 아들'

---

* 마기드(Maggid)는 탈무드 하가다(Haggadah)의 한 문헌으로, '유월절' 이야기를 기록하고 있다.

❖

유월절(過越節, Passover)은 유대인에게 가장 중요한 축제의 날로, 약 3000년 전에 이집트에서 유대인이 탈출한 사건을 기념하는 절기다. 유월절 행사는 유대인 달력으로 1월인 니산(Nisan)*월 14번째 날에 시작해 7일 동안 이어진다. 유월절의 밤에는 신과의 관계를 되새기기 위해 온 가족이 함께 하가다를 낭송한다. 하가다는 유대인의 구전설화집이자 유월절을 지내는 방법을 기록한 문헌이다.

앞의 '네 아들' 이야기는 탈무드의 하가다 마기드에 수록된 것으로, 지혜로운 아들과 악한 아들, 어리석은 아들, 묻는 방법을 모르는 아들 총 네 명의 아들이 등장한다. 이들 중 묻는 방법을 모르는 아들을 제외하고 세 명의 아들이 유월절과 관련하여 질문하는데, 그 질문에서 이들의 성격을 엿볼 수 있다. 지혜로운 아들은 유대교의 율법에 관심을 보이지만, 악한 아들은 유대교의 예배에 냉소적인 입장을 보인다. 어리석은 아들은 아무것도 모르는 것 같고, 묻는 방법을 모르는 아들은 아직 대화하는 법을 익히지 못한 듯하다.

지혜로운 아들이 율법에 대해 물으면 하가다는 유월절의 모든 율법을 알려주어야 한다고 말한다. 악한 아들에게는 왜 예배를 하

* 우리나라를 비롯하여 많은 나라에서 사용하고 있는 태양력(그레고리력)으로는 3~4월에 해당한다.

는지 설명하되, 스스로 예배의 중요성을 확신할 때까지 기다리라고 가르친다. 어리석은 아들에게는 쉽게 설명하라고 가르치며, 묻는 방법을 모르는 아들에게는 대화로써 사고하는 법과 질문하는 법을 먼저 익히도록 도와주어야 한다고 말한다.

정해진 대로 하지 않아도 괜찮아

❖

'네 아들' 이야기를 읽으면서, 네 아들이 모두 질문하는 방식이 다르다는 점이 흥미로웠다. 성향이 서로 다른 자녀들을 다르게 가르치라는 하가다의 메시지에 감동받았다. 자녀의 다름을 존중하고, 자녀의 개성에 맞게 가르칠 때 창의성이 생겨나는 게 아닐까?

많은 교육 전문가들이 한국식 교육제도의 가장 큰 문제점으로 '획일화·주입식' 교육 시스템을 꼽는다. 과거에는 급격한 경제성장과 그에 따른 문화 지체 현상을 메우기 위해, 대규모 학생들에게 빠른 시간 안에 대량의 지식을 주입하기 위한 이 같은 교육제도가 불가피한 선택이었을 것이다. 하지만 학생 개개인의 창의성과 재능 발휘가 핵심인 미래의 교육 환경에는 이런 제도는 더 이상 맞지 않다.

획일화된 주입식 교육과 성적에 따라 줄을 세워 경쟁을 부추기는 현상이 이가 잘 맞는 톱니바퀴처럼 돌아가며 아이들을 '문제풀이 로봇'으로 만들고 있다. 이러한 환경에서 창의적인 인재가 배출

되기를 기대할 수는 없을 것이다. 교육과정의 다양성과 학생 개인의 성향을 존중하는 교육이 절실하다. 학생 개개인을 재능과 적성에 맞게 동기부여를 할 수 있어야 창의적인 인재를 길러낼 수 있을 것이다.

유대인들은 아무리 좋은 배움이라도 주입식으로 가르친다면 의미가 없다고 본다. 일례로 한국인 유학생이 이스라엘의 문화센터에 종이접기 강좌를 개설하기 위해 신청했다가 거절당했는데, "정해진 대로 접으면 누구나 똑같은 결과물이 나오는데, 이게 무슨 교육인가."라는 말을 들었다고 한다. 이처럼 유대인에게 교육이란 동일한 내용을 일방적으로 전달하는 것이 아니다. 가르치는 사람과 배우는 사람 사이에 소통의 과정이자, 정해진 결과가 아니라 다양한 결과를 이끌어내는 과정이다.

유대인 물리학자 제럴드 슈뢰더(Gerald Schroeder)는 세상에 대한 놀라움에서 창의성이 비롯되고, 그 놀라움의 근원이 무엇인지 질문하고 사고함으로써 창의성을 발달시킬 수 있다고 말한다. 또한 유대인 만화 편집자 밥 맨코프(Bob Mankoff)는 유대인의 창의성은 호기심, 학문에 대한 사랑, 논쟁에 대한 사랑 등 여러 가지 요소와 연관되어 있다고 말한다. 그는 '유대인 두 명이 있으면, 세 개의 의견이 나온다'라는 유대인 속담에서 알 수 있듯이, 세상을 온전히 받아들이지 않고 의심하는 태도가 유대인의 창의성의 기본이라고 말한다.

아이의 창의성을 이끌어내는 탈무드식 교육법

❖

안타까운 점은 대다수 사람이 우리나라 교육제도에 대해 문제점을 인식하고 있음에도 좀처럼 교육제도가 바뀌지 않는다는 것이다. 실질적으로 구조적인 문제가 개혁되기까지는 오랜 시간이 걸릴 듯하다. 그렇지만 부모이자 양육자로서 자녀를 대하는 방식에 좀 더 다른 노력을 기울인다면, 가정에서도 충분히 아이의 창의성을 기를 수 있을 것이다. 하가다에서 전하는 '네 아들' 이야기와 유대인의 창의성 개념을 바탕으로, 아이의 창의성을 이끌어내는 교육법을 소개하면 다음과 같다.

자녀를 있는 그대로 바라보자

우리 속담에 '고슴도치도 제 새끼가 제일 곱다고 한다'는 말이 있을 정도로, 우리나라 부모는 자녀의 강점만 보려 하지 약점을 보려고 하지 않는다. 그러나 '네 아들' 이야기에서처럼 아이에게 딱 맞는 교육을 제공하기 위해서는 아이의 약점도 볼 수 있어야 한다. 아이의 부정적인 면도 진실하게 받아들일 수 있어야 창의 교육이 가능하다. 무엇보다 자녀를 있는 그대로 바라보는 눈이 필요하다. 부모가 자녀를 파악하기 어렵다면, 전문가의 도움을 받거나 관련 교육 도구를 활용해보기를 권한다.

아이의 성향을 파악하자

아이가 초등학교에 입학하면 학교에서 정기적으로 '홀랜드의 직업성격유형 검사'를 실시한다. 이 검사를 통해 현재 아이가 어떤 분야와 일, 직업에 호기심을 느끼는지 알 수 있다. 홀랜드의 직업성격유형 검사는 '실재형(R), 탐구형(I), 예술형(A), 사회형(S), 기업형(E), 관습형(C)' 6가지 유형으로 나누어 그 내용과 특징을 알 수 있고, 검사 결과에 따라 진로 발달을 위한 제안을 받을 수 있다.

홀랜드의 직업성격유형 검사 결과, 우리 집 큰아이와 작은아이는 공통점이 하나도 없을 정도로 성향이 서로 많이 달랐다. 큰아이는 '실재-탐구(R-I)형', 작은아이는 '사회-예술(S-A)형'으로 나왔다. 두 아이의 검사 결과지를 꼼꼼하게 읽고, 이후 두 아이의 성향에 맞게 학습 환경을 달리 만들어주었더니 두 아이 모두 긍정적으로 반응했다. 홀랜드의 직업성격유형 검사를 시작으로 초등학교와 중·고등학교에서는 아이들의 성향을 파악하기 위한 다양한 검사를 실시한다(특히 중·고등학교에 입학하면 한국가이던스와 같은 학교표준화 심리검사 기관에서 진로탐색 및 적성 검사, 자기조절학습 검사 등 보다 다면적인 검사를 실시한다). 학교에서 가정으로 보내는 검사 결과지를 모아두면 아이의 성향을 파악하는 데 큰 도움을 받을 수 있다.

아이의 개성에 따라 다르게 이끌자

아이의 성향을 파악했다면, 아이의 개성에 따라 다르게 이끌어야 한다. 유의할 점은 형제자매나 또래 아이들과 비교하는 것은 금물이다. 비교는 아이에게 상처만 남길 뿐 아무런 도움이 되지 않는다. '네 아들' 이야기에서 아들 모두를 저마다 다르게 대했듯이, 아이의 개성을 존중하여 다르게 이끌어야 한다.

아이의 질문에 귀 기울이자

'네 아들' 이야기에서 네 아들의 성향을 좀 더 자세히 들여다보면, '지혜로운 아들'은 항상 배우는 데 관심이 있고, '악한 아들'은 듣기 전에 먼저 의심한다. '어리석은 아들'은 모든 것을 듣고 믿으며, '묻는 방법을 모르는 아들'은 공부할 준비가 되어 있지 않다. 부모가 아이의 질문에 제대로 대답하기 위해서는, 먼저 아이의 질문에 귀 기울여 듣고 그 질문을 잘 이해해야 한다. 그래야 네 아들 이야기에서처럼 질문 이면에 숨은 동기를 파악하여 아이에게 맞는 답을 해줄 수 있다.

질문이 있는 가정을 만들자

유대인 부모는 학교를 마치고 집으로 돌아온 자녀에게 가장 먼저 "학교에서 무슨 질문을 했니?"라고 인사를 건넨다고 한다. 이처럼 유대인들은 질문을 중시한다. 창의성의 바탕을 이루는 것은 세상에 대한 호기심의 표현, 즉 질문이다. '네 아들' 이야기의 경우 의심하기 때문에 '악한'이라는 형용사가 붙은 아들은 '의심하는 능력'

을 발휘해 창의성을 키울 수 있다. 아무것도 몰라서 '어리석은'이라는 형용사가 붙은 아들은 듣는 대로 받아들이는 '스펀지 같은 능력'을 활용하여 창의성을 개발할 수 있다. 이처럼 약점이나 단점으로 보이는 면도 잘 활용하면 강점이나 장점이 될 수 있다. 하지만 탈무드는 '묻는 방법을 모르는' 아들에게만큼은 배움에 대한 준비가 되어 있지 않다고 본다. 질문은 사람을 생각하게 만들고, 세상에 관심을 갖게 만들며, 그런 호기심으로 자신만의 길을 찾을 수 있게끔 해준다. 질문이 곧 창의력을 키우는 힘이다. 가정에서라도 스스럼없이 질문할 수 있는 환경을 마련해주고 아이와 소통할 수 있는 시간을 갖자.

세상은 다양하다. 정해진 답이 없다. 부모 세대는 '2+3=()'을 배웠다면, 우리의 자녀 세대는 '()+()=5'를 배워야 한다. 세상과 어우러져 보기 좋은 모습으로 살아가라는 신의 메시지는 정해진 답이 있는 것이 아니다. 이집트에서 노예의 삶을 살아야 했던 유대인이 신의 도움으로 억압에서 벗어나 자유로운 삶을 살게 된 날, 즉 유월절의 의미를 되새겨보자. 자녀가 자유롭게 살아가기 위해 부모는 어떤 역할을 해야 할지 생각해보자.

17.

탈무드에서 인생 스승을 만나다

스승에

대하여

하루는 한 이방인이 샴마이에게 찾아와 물었다. “유대인에게 토라가 몇 개입니까?”

샴마이가 대답했다. “두 개가 있다네. 바로 구전 토라와 성문 토라라네.”

이방인이 물었다. “성문 토라는 믿겠는데, 구전 토라는 못 믿겠는데요? 만약 성문 토라만 알려주신다면, 유대교로 개종하겠습니다.”

이 말을 듣고 샴마이는 그를 크게 꾸짖고 내쫓았다.

그 이방인이 힐렐을 찾아갔고, 힐렐은 그를 받아들였다.

첫날, 힐렐이 그에게 히브리어 알파벳을 가르쳤다. “알레프, 베트, 김멜, 딜레트…….”

다음 날, 힐렐이 말했다. “어제 첫 글자라고 알려준 ‘알레프’가 사실은 마지막 글자 ‘타브’라네.”

이방인이 물었다. “알파벳을 순서대로 알려주셨지 않습니까?”

힐렐이 대답했다. “사실은 알파벳 순서의 반대로 알려주었다네.”

힐렐이 이어서 말했다. “알파벳을 배울 때도 나의 설명에 의지하지 않았나? 마찬가지로 구전 토라에 의지하지 않고서 성문 토라를 배우는 것은 불가능하다네. 그러니 구전 토라도 받아들이게나.”

—샤바트 31a

❖

앞에 제시된 샤바트에 기록된 이야기는 이방인이 힐렐을 만나 토라를 배우는 장면을 전한다. 구전 토라를 믿지 못하겠다는 이방인을 배척한 샴마이와 달리, 힐렐은 성문 토라만 배우겠다는 이방인의 제안을 받아들인다. 성문 토라를 읽으려면 히브리어를 알아야 하므로, 힐렐은 먼저 이방인에게 히브리어 알파벳을 가르쳐준다. 이방인과 기꺼이 관계를 맺고 신뢰를 형성한 다음, 그가 무엇을 모르는지 스스로 깨달을 수 있도록 이끈다. 힐렐에게 배우면서 구전 토라의 중요성을 깨달은 이방인은 힐렐의 제자가 된다.

힐렐은 배우려는 의지가 있다면 누구라도 받아들이는 개방적이고 관용적인 스승이었다. 하지만 제자가 하자는 대로만 하지 않고, 제자가 모르는 것이 무엇인지 그에게 필요한 것이 무엇인지를 정확하게 파악하고 이끌어주는 스승이었다.

배움이란 스승과의 상호작용에서 이루어진다

❖

공부란, 내가 무엇을 모르는지 아는 것에서부터 시작된다. 탈무드 베라코트에서는 "당신의 혀가 '나는 모른다'라고 말하도록 가르쳐라.", "죽는 날까지 자신을 확신하지 말라."(베라코트 4a)고 전한다.

또한 프랑스 철학자이자 유대교 랍비이기도 한 에마뉘엘 레비나스(Emmanuel Levinas)*는 "내가 무엇을 모른다는 것을 알기 위해, 내가 지금 어디에 있는지 나의 좌표를 알 수 있는 '조감적' 시야가 필요하다."고 말한다. 레비나스는 자신을 포함하는 세계에서 자기가 어디로 향하는 길의 어느 지점에 있는지를 파악하는 시야를 획득하도록 돕는 것이 교육이며, "스승이란 제자를 매핑(mapping)하는 시야"라고 말한다.

우리나라 학교에서 탈무드와 레비나스가 말하는 교육을 실현하고, 학생을 이끌어주는 스승을 만날 수 있을까? 초등학교 담임교사 한 명당 서른 명이 넘는 학생이 할당되는 현실에서 학생 개개인을 조감적 시야로 바라보는 일은 불가능해 보인다. 물론 우리나라 교사의 업무 중 가장 중요한 일은 학생과 관계 맺고 성장시키는 일이겠으나, 교사는 본업 이상으로 행정적인 잡무와 공문에 시달리고 있는 실정이다. 중·고등학교는 문제가 더욱 심각하다. 스승과 제자로서 관계를 맺고 신뢰를 형성하는 과정은 거의 생략된 채로 대학입시와 취업이라는 관문을 통과하기 위한 수단으로 전락했다. 내

* 에마뉘엘 레비나스(1906~1995년)는 리투아니아 태생의 유대계 프랑스인으로 유대인 부모에게 히브리어 유대 경전과 탈무드 교육을 받으며 자랐다. 제2차 세계대전 후 독일 포로수용소에서 돌아와 동방이스라엘 사범학교의 교장을 역임하며 유대인 교사 양성에 주력했다. 이 시기에 본격적으로 탈무드를 연구하면서 유대교의 정신을 서양철학의 언어로 해석하며 자신만의 사상을 키워나갔다.

신과 수능 등급을 올려주거나 취업의 길을 열어주는 교사가 그 어떤 교사들보다 실력 있는 교사로 인정받는 것이 현실이다.

> 국민학교에서 중학교로 들어가면
> 고등학교를 지나 우릴 포장센터로 넘겨
> 겉보기 좋은 널 만들기 위해
> 우릴 대학이란 포장지로 멋지게 싸버리지
> -〈교실 이데아〉 가사 중 발췌, 서태지와 아이들 3집

1994년에 발매된 서태지와 아이들 3집에 수록된 〈교실 이데아〉의 가사를 살펴보면, 25년이 지난 지금 국민학교가 초등학교로 이름이 바뀐 것 말고는 나아진 게 아무것도 없어 보인다. 오히려 '줄 세우기' 경쟁은 과거보다 더욱 치열해졌다. 경쟁 위주의 교육 시스템에서 교사와 학생은 점수를 주는 사람과 점수를 받는 사람의 관계가 되어버렸다. 이런 시스템에서는 호기심이 넘치고 질문을 많이 하는 학생들의 경우, 자칫 수업을 방해하는 아이로 낙인찍힐 가능성이 있다. 학생들의 창의력을 키우는 교육을 실행하기도 어렵다. 경쟁이 전부인 반(反)교육적인 교실에서 탈무드와 레비나스가 말하는 스승을 만나기를 기대하기는 더더욱 어렵다.

삶에서 좋은 스승을 만나는 일은 매우 중요하다. 레비나스가 "'지(知)'라는 것은 양적으로 계측할 수 있는 것이 아니며, 내가 모르는

것을 아는 사람과 대화에 들어가는 능력"이라고 했듯이, 배움이란 스승과의 상호작용에서 이루어진다. 제자를 매핑하는 시야를 가진 스승을 만나 관계 맺고 신뢰를 형성할 때 비로소 마음의 문이 열리고 배움의 길이 열리는 것이다.

하브루타 대화법으로 아이의 생각하는 힘을 키우자

❖

스승을 만나기 어려운 시대, 수천 년 동안 유대인의 삶을 지탱해 준 현자들의 지혜가 집약된 탈무드를 만나보자. 탈무드를 펼치면, 어느 페이지에서나 스승이 등장한다. 힐렐과 샴마이가 토론하고, 랍비 메이어와 아내 브루리아가 대화를 나누며, 랍비 아키바와 랍비 타르폰이 논쟁을 벌인다. 이렇듯 두 랍비가 서로 논쟁하는 장면은 매우 자주 나온다. 탈무드는 이런 논쟁을 빠짐없이 기록할 뿐만 아니라, 랍비들이 서로를 어떻게 대하며 지냈는지에 대해서도 자세하게 보여준다. 가르치는 사람과 배우는 사람이 고정되어 있지 않고, 엎치락뒤치락하는 논쟁의 과정에 따라 스승이 제자가 되고 제자가 스승이 된다. 랍비 여호수아에게 큰 깨달음을 준 어린 소년과의 일화처럼 탈무드는 존경받는 현자들뿐만 아니라 조감적 시야를 가진 사람이면 누구나 기록하여 그 지혜를 후세에 알리는 역할을 한다. 탈무드를 공부해야 하는 가장 큰 이유는, 바로 시공을 초월한 스승을 만날 수 있다는 데 있다.

자녀에게 탈무드에 담긴 이야기들을 들려주며 그 속에 생생하게 살아 숨 쉬고 있는 스승들을 소개해주자. 수천 년이 넘는 세월 동안 무수히 많은 랍비들에 의해 검증된 스승의 목소리를 들려주자. 탈무드 속 여러 스승을 만나면서 보다 넓은 우주적 관점에서 스스로 어디쯤에 있는지 자신을 들여다보는 조감적 시야를 키울 수 있을 것이다. 탈무드 속 스승과 제자의 대화에 참여함으로써 삶의 곳곳에 숨어 있는 스승을 알아보는 눈도 키울 수 있다. 스승과 관계 맺는 법을 배울 수 있다.

부모가 먼저 '하브루타'를 시도해보자. 앞에서 언급했듯이, 하브루타는 서로 질문을 주고받으며 논쟁하는 유대인의 전통적인 토론 교육 방법이다. 엄마와 아빠가 서로에게 스승이 되고 또 제자가 되어 지속적으로 관계를 맺는 모습을 자녀에게 보여주는 것이다. 우리 부부는 매일 저녁 함께 공부한다. 한 시간씩 탈무드를 읽고 대화를 나누는 시간을 가진다. 각자 텍스트에 대해 어떻게 이해했는지 말하고, 질문을 주고받으며 더 깊게 해석해본다. 이 시간만큼은 '너도 옳고, 나도 옳다'는 식의 어중간한 태도를 버리고, 자신의 관점을 주장하고 상대방의 관점에 비판적으로 접근하는 방식을 고수한다. 랍비들이 내 곁에 있지는 않지만, 탈무드라는 대양에서 현자들의 논증을 따라가다 보면, 어느덧 끊임없이 밀려드는 논리적인 대화의 파도를 타고 있는 서로의 모습을 발견하게 된다. 이처럼 탈무드의 텍스트를 읽고 대화를 나누는 것만으로도 더 넓고 더 깊게 사고하는 방법을 배우게 된다.

'부모는 자식의 거울이다'라는 말처럼, 엄마 아빠가 탈무드를 읽고 토론하는 모습을 지속적으로 보아온 아이는 그 모습을 흉내 내기 마련이다. 어린 자녀가 질문을 걸어오면 열렬하게 환영하자. 부모의 대화에 끼어들 수 있도록 자리를 내어주고 환대하자. 아이가 자기가 무엇을 모르는지 스스로 깨달을 수 있도록 도와주자. 이러한 과정은 부모와 자녀가 서로에게 스승이 되고 또 제자가 되는 관계를 만들어준다. 부모는 자신의 경험을 빗대어 자녀에게 이야기를 들려줄 수 있고, 새로운 세대인 자녀는 그만의 다른 관점에서 부모에게 배움을 전해줄 수 있다. 자녀는 자체로 부모의 훌륭한 스승이 될 수 있다.

4장

상위 1% 유대인 부모의
탈무드 경제학

탈무드가 가르쳐주는 부(富)의 비밀

❖

탈무드는 공부의 목적이 선행하기 위한 것이라고 가르친다. 마찬가지로 탈무드는 경제 교육의 목적이 자선과 나눔을 실천하는 것이라고 가르친다. 자녀를 베푸는 사람으로 성장시키기 위해 유대인 가정은 자녀가 어릴 적부터 돈을 다루는 법을 배우고 익히는 환경을 제공한다. 그야말로 유대인 가정은 경제 교육의 장(場)이다.

랍비 이츠하크(Yitzhak)는 "사람은 항상 돈이 있어야 한다."고 말하며, "그러나 그 돈을 전부 투자해서는 안 된다. 가진 돈을 삼등분하여 3분의 1은 땅에 묻고, 3분의 1은 투자하고, 3분의 1은 손에 쥐고 있어야 한다."(바바 메치아* 42a)고 조언했다.

우리 사회에서 '돈'을 바라보는 시선은 다소 이중적이다. 돈에 관해 긍정적인 인식과 부정적인 인식이 공존한다. 특히 어린 자녀가 돈에 관해 질문하는 것을 꺼리는 경향이 있다. 아이가 주식이나 가

* 바바 메치아(Bava Metzia)는 탈무드의 네 번째 순서인 네지킨의 두 번째 소논문이다.

상화폐 등에 관심을 보이면 쓸데없는 데 신경 쓰지 말고 공부나 하라고 타박한다. 돌잔치에서 돌잡이로 아이가 '돈'을 집으면 그 아이가 커서 부자가 될 것이라며 온 가족이 박수 치고 환호하면서도, 정작 아이가 장래 희망을 '부자(富者)'라고 말하면 의아한 눈초리로 바라본다. 화폐를 중심으로 모든 경제활동이 이루어지는 자본주의 사회에서 이러한 현상은 다분히 모순적이다.

나 역시 이 같은 인식에서 자유롭지는 못했는데, 탈무드를 읽으면서 돈에 대한 인식이 크게 바뀌었다. 긍정과 부정이 뒤섞여 있던 돈에 대한 인식이 긍정적으로 바뀐 것이다. 삶에서 돈이란 없어서는 안 되는 것이라는 사실을 받아들이게 되었다. 좋거나 나쁘다는 가치 판단을 떠나, 돈이란 불과 같이 제대로 쓰면 우리 삶을 이롭게 하지만, 잘못 쓰면 우리 삶을 해칠 수 있는 일종의 도구라는 생각이 들었다.

'돈'이라는 도구를 제대로 쓰려면 어떻게 해야 할까? 우리 부부는 모태 가톨릭 신앙인으로서 어려서부터 청빈한 삶을 살아야 한다는 교육을 받고 자랐다. 그렇다 보니 스스로 돈을 욕망할 때면 죄책감을 느끼기도 했고, 가난하게 사는 삶에 긍정적인 의미를 부여하기도 했다. 탈무드를 읽으면서 무엇보다 부모로서 돈에 대한 이중적인 인식을 돌아봐야겠다는 생각이 들었다. 그동안 무지했던 금융 지식에 대해 관심을 가져보기로 했다. 그러고 나서 어떻게 하면 나눔을 실천하는 삶을 살 수 있을지에 대해 생각했다. 정직하고 정당한 방식으로 부를 만들고, 그렇게 형성한 부를 이웃과 함께한다면 더없이 좋겠다고 생각했다.

또한 아이들과 함께 돈을 공부하는 시간을 가졌다. 그 과정에서 조사한 유대인의 경제 교육 방법은 우리 가족 모두에게 도움이 되었다. 유대인 부모는 빠르면 두 살 때부터 '다섯 개의 항아리 시스템(Five Jar System)'이라는 간단한 방법으로 자녀에게 경제 교육을 시작한다고 한다. 항아리 몇 개만 있으면 바로 시작할 수 있는 방법이다. 먼저, 항아리 다섯 개를 준비한다. 각 항아리에 '지출', '저축', '투자', '구제', '십일조'라고 이름표를 붙인다. 용돈을 받으면 미리 정해 놓은 비율에 따라 금액을 나누고, 다섯 개의 항아리에 담는다.

- 지출(Spending) 50%: 일상에서 사용하는 용돈
- 저축(Saving) 10%: 비상시를 대비한 저축
- 투자(Investing) 20%: 미래를 위한 투자
- 구제(Giving) 10%: 이웃을 돕는 데 사용
- 십일조(Tithe) 10%: 신앙을 위한 십일조

– 금지 조항: 한 항아리에서 다른 항아리로 돈을 옮겨서는 안 된다.

다섯 개의 항아리 시스템은 앞에서 언급한 랍비 이츠하크의 말을 그대로 옮긴 것처럼 보인다. 돈을 삼등분했던 것을 오등분하는 것으로 더 세분한 것 말고는 돈을 나누어서 관리하라는 기본 원칙은 같다. 유대인의 다섯 개의 항아리를 참고하여, 우리 가족은 다음과 같은 '자산관리' 시스템을 만들어보았다. 가족 구성원마다 돈을 운용하는 세부 항목은 다르지만 큰 원칙은 같다.

지출 규모를 정하기

아이들의 경우, 한 달 단위로 계획을 세워 지출할 수 있도록 아이가 필요로 할 때마다 용돈을 주던 방식을 매월 첫 날에 한 달 용돈을 지급하는 방식으로 바꾸었다. 아이들은 한 달 용돈의 50퍼센트를 지출 규모로 잡았다. 지출 항목은 교통비, 학용품비, 간식비 등이다. 고가의 물품을 사고자 할 때는 미리 용돈의 일부를 떼어 몇 달 동안 모아 목돈을 만들어 구매한다. 매월 말일 자신의 지출을 분석하는 시간을 갖는다.

저축 통장 만들기

아이들은 한 달 용돈의 30퍼센트는 비상시를 위해 저축한다.

주식 통장 만들기

아이들은 한 달 용돈의 20퍼센트를 따로 떼어 주식 구매를 위한 통장에 저축한다. 평소에 관심 있는 기업의 현재가치를 예의주시하여 미래에 얼마나 성장할 것인가 예측해보는 경험을 하고 있다. 투자해도 좋겠다고 판단되는 기업의 주식을 구매하고, 그 기업의 미래가치에 주목한다. 인터넷 신문을 활용하여 구매한 주식의 시황을 확인한다.

백세 시대에 탈무드 읽기를 통한 경제 공부는 마흔 중반의 성인으로서 우리 부부에게 큰 도움이 되었다. 가족 구성원 모두 독립적인 경제 주체로서 각자 용도에 맞게 통장을 구분하여 한 달 단위로 지출을 관리하고 있다. 공동으로 사용하는 물건을 구매할 때는 가족회의를 열어 예산을 짜고, 어떤 것을 살 것인지 선택과 결정의 과정을 자녀와 함께한다. 온 가족이 저축 통장과 주식 통장을 만든 것도 잘한 일이다. 기업에 관심이 없던 아이들이 자신이 투자한 기업에는 관심을 가지기 시작했다. 작은 시도지만 십 년 이십 년 꾸준히 실천한다면, 우리 아이들이 성인이 될 미래에는 자신의 생계는 물론 주변의 이웃을 돕는 사람으로 살아갈 것이라 믿는다.

18.

스스로 어떻게 돌볼 것인가를 가르쳐라

경제적

자립에

대하여

예후다 벤 테마는 이렇게 말했다.

"다섯 살에 경전 공부를 시작하고, 열 살에 미슈나 공부를 시작하며, 열세 살에 계명에 따라 사는 삶에 입문한다. 열다섯 살에 탈무드 공부를 시작하고, 열여덟 살에 결혼을 준비하며, 스무 살에 생계를 도모한다. 서른 살에 힘을 얻고, 마흔 살에 지혜를 얻으며, 쉰 살에 조언을 한다. 예순 살이면 노년이 되고, 일흔 살이면 나이가 충만하며, 힘을 내야 여든 살이 된다. 아흔 살이면 몸이 굽으며, 백 살이면 세상을 떠난 것이나 다름없다."

—아보트 5:21

❖

앞에 제시한 탈무드 아보트의 구절에서는 예후다 벤 테마(Yehudah ben Temah)의 말을 빌려, 인생의 매 단계에서 성취해야 할 사항을 간략하게 전한다. 여기서 토라의 계명을 지켜야 할 의무를 지는 나이가 '열세 살'인 것이 눈에 띈다. 고대 랍비들은 아이가 열세 살이 되면 유대 율법의 계명인 미츠바를 이행할 의무가 있다고 보았다. 2장에서 언급했듯이, 아들(bar)인 경우 열세 살, 딸(bat)인 경우 열두 살이 되면 부모는 가족과 일가친척, 친구를 초대하여 잔치를 여는데, 이를 '바르 미츠바(bar mitzvah)', '바트 미츠바(bat mitzvah)'라고 부른다. 미츠바가 '계명'이나 '법'을 의미하므로, 바르 미츠바와 바트 미츠바는 문자 그대로 '계명의 아들'과 '계명의 딸'로 번역된다.

바르 미츠바와 바트 미츠바는 아이의 삶에서 매우 중요한 날이다. 유대인의 정체성을 받아들이고 계명의 책임자가 되었음을 널리 알리는 날이기 때문이다. 또한 바르 미츠바와 바트 미츠바는 아이가 지금까지 맡은 그 어떤 일보다 더 큰 일을 맡아야 한다는 도전의 시작을 알리는 날이다. 유대인이자 스스로를 책임지는 한 사람의 성인으로서 삶의 새로운 단계를 시작하는 날이다.

아이를 성장시키는 홀로서기 수업

❖

우리나라의 경우 성인식은 만 스무 살에 치른다. 고등학교를 졸업하고 1년이 지난 시점에 성인이 되었음을 인정하는 것이다. 자녀가 열세 살에 성인식을 치르는 유대인 사회에 비해 시기적으로 늦다. 성인식의 의미 측면에서도 자신에게 주어진 계명의 책임자가 됨을 선언하는 유대인의 성인식 모습과는 사뭇 다르다. 우리 사회의 성인식은 인생에서 스무 살이 갖는 어떤 의미를 생각해보고 기념하는 날이기보다는, 단순히 학생 신분에 금지되었던 술이나 담배, 성인물 등에 대해 제한을 풀어주는 날에 그친다.

우리나라에서 아이의 돌잔치에 금반지나 축의금을 선물하듯이, 유대인 사회에서는 바르 미츠바와 바트 미츠바를 축하하며 자녀는 가족과 일가친척들로부터 수백만 원에서 수천만 원에 이르는 거액을 축의금으로 받는다고 한다. 유대인 부모는 이 돈을 직접 관리하지 않고 자녀가 직접 투자를 연습하고 돈 관리를 해볼 수 있도록 허락한다.

이러한 경험은 자녀가 학업을 마치고 사회에 첫발을 내디딜 무렵 경제적으로 자립하는 데 긍정적인 영향을 미칠 것이다.

한편 우리나라의 자녀들은 스스로 투자를 연습해볼 기회 없이 비싼 대학 등록금을 충당하느라 빚더미를 짊어진 채로 첫 사회생활을 시작한다고 하니, 경제적 측면에서 그 차이가 극명해 보인다.

대한민국 청년들이 경제적으로 자립하기가 어려운 것은 당연한 일처럼 느껴진다.

청소년의 몸에서 어른의 몸으로 성장했다고 해서 진정한 어른이 되었다고 말할 수 없다. 스스로의 힘으로 자신의 삶을 오롯이 책임질 수 있을 때 어른이 되었다고 말할 수 있을 것이다. 탈무드는 열세 살에 계명을 받아들이고, 스무 살에 직업을 가져 생계를 책임지라고 가르친다. 어느 사회든 성인이 되기 위해 갖추어야 할 우선적인 조건은 '경제적 자립'이다. 스스로를 먹이고 입히고 재우는 이른바 '재생산 활동의 자립' 역시 매우 중요하다.

예전에는 자녀가 공부만 잘하면 된다고 생각했다. 공부를 잘하면 상대적으로 소득이 많은 직업을 갖게 될 가능성이 높아진다고 생각했다(사실, 그렇지도 않다). 경제적 능력이 있으면 자신이 먹을 음식을 직접 만들지 않아도 사 먹으면 되고, 청소와 빨래 등 재생산 활동도 그 일을 전담할 사람을 고용해서 해결하면 된다고도 생각했다. 하지만 인생을 살아가면서 일상은 돈이 있다고 저절로 만들어지는 것도 아니고, 또 탈무드를 만나면서 생각이 바뀌었다. 자녀를 진정한 성인으로 양육하는 것이 자녀 교육의 목표가 되었다. 경제적 자립은 물론 재생산 활동의 자립에 대해서도 가르쳐야겠다고 생각했다.

아이의 경제 감각을 길러주자

❖

자녀를 진정한 성인으로 성장시키기 위해 자녀가 열세 살에 성인의 삶을 살도록 이끄는 유대인 부모의 지혜를 본받아 아이를 어른처럼 대하자고 마음먹었다. 그리고 탈무드에서 전하는 경제와 관련된 자녀 교육 이야기를 참고하여, 우리 집에서 실천할 수 있는 교육법을 다음과 같이 마련했다.

아이가 직접 생산·판매하는 경험을 갖게 해주자

두 아이가 초등학생이었을 때 미국 애니메이션 〈아서(Arthur)〉 시리즈를 즐겨 보았다. 주인공인 아홉 살 '아서'는 자신의 집 차고에서 레모네이드를 만들어서 판매한다. 자신의 용돈을 직접 벌어서 쓴다. 〈아서〉를 보고 우리 집 두 아이도 무언가를 만들어서 팔고 싶어 했다. 우리나라에서는 어린아이들이 물건을 팔러 다니는 모습이 익숙하지 않으므로 처음에 나는 말렸다. 하지만 아이들의 설득에 넘어가 곧 그들의 조력자가 되었다. 당시 열세 살 큰아이는 쿠키와 케이크를 구웠고, 아홉 살 작은아이는 카드와 편지지를 만들었다. 나는 마케팅을 담당했는데, 동네 엄마들에게 우리 아이들이 이런 음식과 물건을 만들어서 판다고 직접 광고하는 역할을 맡았다. 생애 첫 판매 수익금으로 큰아이는 기타를 샀고, 그 기타가 얼마나 소중했던지 매일 연주하다가 중학생이 되고 나서는 밴드부

동아리 기타리스트가 되었다. 이처럼 무엇인가를 직접 만들어서 팔아보는 경험은 소중하다. 직접 돈을 벌어본 경험은 두 아이에게 잊지 못할 경험이 될 것이다.

부모들 중에는 "아이가 왜 돈을 벌어요?", "그 시간에 공부하라고 해야 하지 않을까요?"라고 반문할 수도 있을 것이다. 하지만 아이가 한번 시도해볼 수 있도록 기회를 주자. 판매를 목적으로 무엇인가를 기획하여 완성품을 만들어보는 경험은 책상에 앉아서 경제 관련 책을 읽는 것보다 더 많은 배움을 준다.

아이가 자신을 돌보는 방법을 배우게 하자

우리 사회는 일상을 위한 '재생산 활동'을 폄하하는 경향이 있다. 아이가 청소하거나 설거지를 하고 있으면, 부모는 그 시간에 공부나 하라는 잔소리를 하기 일쑤다. 자신이 먹을 음식을 만들고 차리고 치우는 행위, 자신이 입을 옷을 빨고 널고 개는 행위, 자신이 생활하는 공간을 쓸고 닦고 가꾸는 행위 등은 자체로 가치 있는 일이다. 자기 몸을 건강한 상태로 보호하고 유지하기 위해 행하는 일련의 재생산 노동은 생명과 직결되어 있기에 매우 중요하다. 하지만 우리는 이런 일들을 집안일, 이름 없는 노동이라 여기며 가족 구성원 중 엄마에게 몰아주는 경향이 있다.

인간은 주체적으로 자신을 돌보고 지킬 줄 알아야 한다. 그래야 삶을 유지할 수 있다. 가족 구성원 각자가 자기 몫의 재생산 활동을 스스로 하는 것이 당연한 일이 되어야 한다. 우리 집도 예외는 아니어서 엄마인 내가 가족의 재생산 활동을 홀로 떠맡았었다. 하지만 작은아이가 아홉 살 때 대대적인 개편이 있었다. 내가 수술을 받고 입원하느라 한 달 동안 가정을 돌볼 수 없었기 때문이다. 그로 인해 집이 엉망이 되자, 작은아이가 집안일을 분담하기 위한 가족회의를 제안한 것이다. 온 가족이 모여 회의한 결과, 남편은 안방 화장실 청소와 쓰레기 분리수거를 맡고, 거실 화장실은 큰아이와 작은아이가 번갈아 청소하며, 아이들 방은 각자 자신의 방을 청소하기로 했다. 주말 아침은 남편이 식사를 차린다. 처음에는 해보지 않던 일들을 하느라 엉성하고 서로에게 미루기도 했지만, 해가 지날수록 자리가 잡혀가고 있다. 3년이 지난 지금은 내가 집을 비워도 집안일이 잘 돌아간다. 각자 자기 몫의 재생산 활동의 주체가 되었기 때문이다. 작은아이를 포함하여 가족 구성원 모두 화장실 청소를 하고, 청소기와 세탁기를 사용하며, 밥을 할 줄 안다. 아이들이 자기 몫의 재생산 활동을 스스로 해냈을 때, '아! 내가 정말 아이를 다 키웠구나. 이 아이들은 이제 어른이구나.' 하는 생각이 들었다.

경제에 관한 자녀 교육 사례를 생각하다 보면, 영화감독 스티븐 스필버그(Steven Spielberg)의 일화가 떠오르곤 한다. 스필버그는 어렸을 때부터 카메라를 들고 다니며 영화 찍기에 몰두했다고 한다.

그러자 그의 어머니는 "네가 무엇을 만들건 돈에 대해 배우고 장사를 해봐야 한다."라고 말했다고 한다. 이에 어린 스필버그가 "제 꿈은 장사가 아니에요!"라고 하자, 어머니가 "장사할 때만 셈이 필요한 게 아니란다. 무슨 일을 하건 셈에 능해야 한다."라고 했다.

탈무드를 읽기 전에는 아이가 책상에 앉아서 공부하고 있으면 마음이 놓이고, 무엇인가를 만들어 팔 생각을 하면 불안한 마음이 앞섰다. 그리고 작은 손으로 만든 쓸모없어 보이는 물건이 과연 팔릴까 싶어 부정적인 시선으로 바라보기도 했다. 하지만 탈무드를 읽으면서 이젠 아이가 무엇을 만들건 기대하는 마음이 된다. 잘 만들고 못 만들고를 떠나 콘텐츠 크리에이터로서 자립을 연습하는 아이들을 온 마음을 다해 지지하게 된다. 두 아이 모두 무엇인가를 만들고 부수고 다시 만드는 과정을 반복하면서 성장할 것이라 믿는다. 스티븐 스필버그 감독의 어머니처럼 아이들이 무엇인가 만들어내는 것에서 그치지 않고, 그것이 다른 사람에게도 가치가 있는지 판단하고 셈을 해보게 하는 것이 나의 역할일 것이다.

아이를 키운다는 것은 결국 한 사람의 성인을 키워내는 일이다. 열세 살부터 자녀를 어른으로 대하는 유대인의 바르 미츠바와 바트 미츠바 의식을 마음에 새기자. 부모의 역할은 자녀가 자신과 세상을 돌보는 데 필요한 자원을 스스로 구할 수 있는 능력을 기르도록 이끄는 것이다.

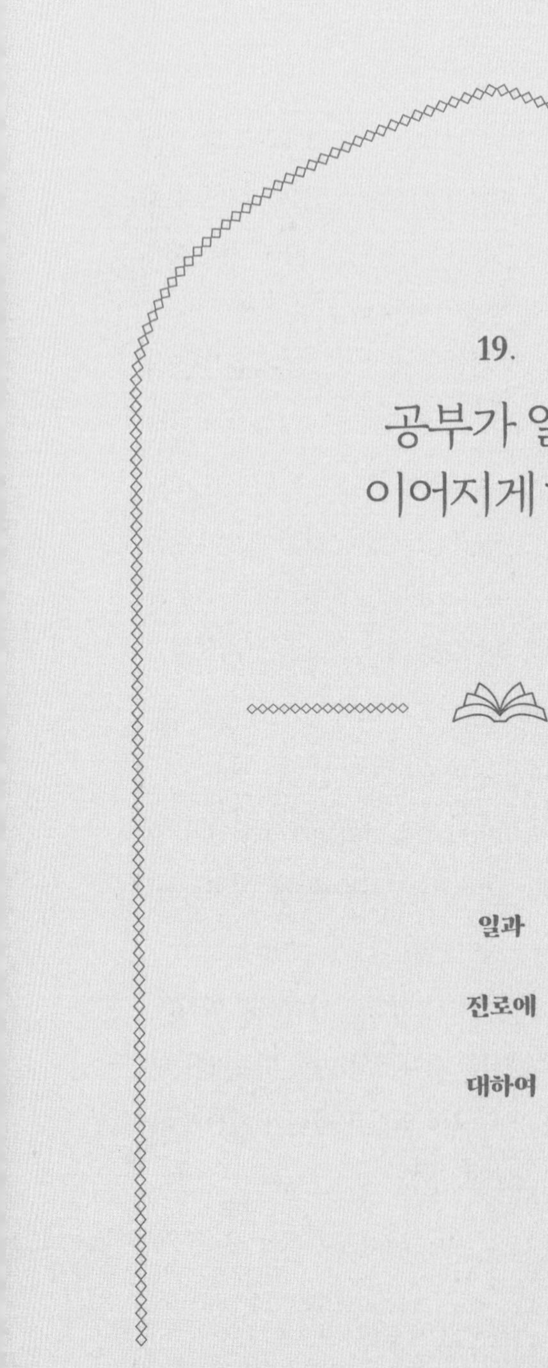

19.

공부가 일로 이어지게 하라

일과

진로에

대하여

랍비 예후다 하나시의 아들 랍반 가말리엘이 다음과 같이 말했다.

"생업과 함께할 때 토라 공부는 특별해진다. 공부와 일, 두 가지에 힘쓰면 죄악을 잊게 된다. 세상일과 병행하지 않는 토라 공부는 결국 그만두게 되거나 죄의 원인이 될 것이다."

—아보트 2:2

❖

앞에 제시한 탈무드 아보트의 구절은 공부와 일의 균형에 대해 전한다. 랍반 가말리엘(Gamaliel)은 토라 공부가 그 자체로 중요하지만, 토라 공부만 해서는 안 되고 그것이 생업으로 이어져야 특별해진다고 말한다. 토라 공부와 생업, 두 가지에 함께 몰두할 때 공동체를 이롭게 한다고 강조한다.

유대인에게 토라 공부와 생업이 어떻게 균형을 이룰 것인가 하는 문제는 매우 중요하다. 토라가 가르치는 이상을 삶으로 옮기기 위해 유대인들은 일상에서 토라를 공부한다. 토라 공부가 생업의 지향점을 알려주기 때문이다. 생계나 자아실현을 넘어 아픈 사람을 치료하고, 학생을 교육하며, 약하고 가난한 사람을 보호하기 위해 일해야 한다고 가르친다. 나와 공동체는 물론 세상을 더 나은 곳으로 만들기 위해 일해야 한다고 가르친다.

아이에게 가정경제 상황을 알려주자

❖

우리 사회는 부모와 자녀의 역할이 확연히 구분되어 있다. 부모의 역할은 일이며, 자녀의 역할은 공부인 것처럼 보인다. 즉 부모는 일만 하며 자녀에게 공부만 하라고 강요한다. 자녀의 교육비를 마련하기 위해 부모는 더더욱 일에 몰두하며, 자녀는 자신이 왜 공부를 해야 하는지 그 공부가 어떻게 일로 이어지는지 알지 못한 채 공부에 몰두한다. 이처럼 공부와 일이 분리될 때 여러 문제를 유발한다. 결국 자신을 돌아보는 시간 없이 자녀 교육을 위해 맹목적으로 일만 한 부모는 노후를 걱정하며, 진로에 대한 고민이나 일을 경험해볼 시간 없이 공부만 한 자녀는 생업을 찾고 생계를 책임지는 데 어려움을 겪는다.

취업 포털 '사람인'이 통계청 자료를 토대로 분석한 결과(2018년), 한국의 '취업 무경험 실업자'는 2018년 1분기에 10만 4,000명에 이르는 것으로 나타났다. 그중 2030 세대가 8만 9,000명으로 전체의 85.6%를 차지했다. 취업한 경험이 전혀 없는 젊은 구직자가 계속 느는 추세다. 이러한 현상은 비단 한국의 문제만은 아니다. 우리나라의 캥거루족(부모에게 경제적으로 의존하는 20, 30대의 젊은이들을 지칭함), 일본의 프리터(freeter: 돈이 급할 때만 임시로 취업할 뿐 정규 취업을 하지 않는 사람들을 지칭함), 영국의 키퍼스(KIPPERS: 부모의 퇴직 연금을 축내는 자녀들을 지칭함) 등 전 세계적으로 청년 실업은 심각한 문제다. 공부가 일로 이어지게 하라는 탈무드의 가르침이 여전히 유효한 이유다.

자녀 교육에서 진로 교육은 매우 중요하다. 진로란, 개인의 생애 발달 과정에서 어떤 특성이 있는지를 살펴보고, 연령에 따라 무엇을 경험하고 수행해야 하는지를 알아보는 것을 가리키는 포괄적인 용어다. 그렇다면 아이의 진로 교육은 어떻게 해야 할까? 우선 너무 어렵게만 생각하지 말고, 부모가 어떤 일을 하는지 구체적으로 알려주는 것으로 진로 교육을 시작해보기를 권한다. 부모가 하는 일이 부모의 개인적인 삶에 얼마나 성취감과 만족감을 주는지 이야기해보자. 나아가 그 일이 공동체와 사회에 어떤 영향을 미치는지도 알려주자. 가능하다면 부모가 하는 일을 자녀가 해볼 수 있도록 기회를 열어주자. 자녀는 부모가 하는 일을 경험해봄으로써 일을 배우고, 부모가 하는 일에 자부심을 느낄 것이다. 일의 의미를 몸과 마음에 새길 것이다.

또한 부모가 생업에 종사함으로써 얼마나 버는지도 솔직하게 이야기하는 시간을 가져보자. 부모의 소득이 가정에서 어떻게 사용되는지 가정의 경제 사정을 공유하는 것이다. 집안의 현금흐름이 어떻게 이루어지는지 알려주고 저축과 대출, 소비와 투자, 자선 및 기부는 어떤 방식으로 이루어지는지 알려주자. 아이의 일상에서 가정경제가 어떻게 운영되고 있는지 알려주는 것이야말로 진짜 살아 있는 경제 교육이 될 것이다.

똑똑! 인문으로 여는 꿈: 우리 가족 진로 독서 프로그램

❖

2016년부터 우리나라 중학교는 자유학년제를 전면 추진하고 있다. 자유학년제란, 학생의 진로 탐색이 가능하도록 중학교 1학년

교육과정을 유연하게 운영하는 제도다. 오전에는 교과 수업이 이루어지는데, 수업은 토론, 실험, 실습, 프로젝트 학습 등 학생 주도적인 방식으로 진행된다. 오후에는 주로 진로 탐색 활동, 주제 선택 활동, 예술·체육 활동, 동아리 활동이 이루어진다. 주요한 특징은 자유학년 1년 동안 시험이 없다는 것이다. 따라서 자녀가 중학교 1학년이 되면, 시험에 구애받지 말고 좀 더 관심을 가지고 진로 교육을 하는 시간으로 활용해보자.

큰아이가 중학교 1학년이었을 때, 우리 부부는 아이의 진로 교육을 위해 여러 가지 방법을 찾아보고 실천에 옮겼다. 먼저, 진로를 탐색하기 전에 아이의 특성을 제대로 파악하는 시간을 마련했다. 인류의 스승이 남긴 좋은 책 한 권은 진로의 훌륭한 예시가 되기에, 진로를 탐색하는 데 앞서 인문 고전을 읽는 시간이 필요하다고 판단했다. 자유학년 동안 읽을 인문 고전을 선정하고, 온 가족이 책을 함께 읽고 토론하는 시간을 가졌다. 자녀의 자율성을 바탕으로 '자기 이해 → 진로 탐색 → 진로 설정'의 경험을 할 수 있도록 이끌었다. 주제 선택 수업을 자유롭게 신청하여 참여하는 학교 수업을 따라가면서, 가정에서는 진로 설정을 위한 인문 독서를 진행했다. 그 결과, 큰아이의 진로 성숙도가 크게 높아졌다. 자기를 이해하는 감각이 높아졌고 무엇보다 일의 중요성에 대해 깨닫게 되었다.

'똑똑! 인문으로 여는 꿈'이라는 이름을 붙인 우리 가족의 진로 독서 프로그램을 소개하면 다음과 같다.

내 안에 숨겨진 나의 길을 찾아라

인류의 스승들이 어떻게 자신의 길을 찾아 발전할 수 있었는지 알아보며, 아이의 진로 탐색에 도움이 될 점을 배우는 시간을 가진다. 우리 가족은 삶 속에서 고난의 시간을 겪으면서도 희망의 끈을 놓지 않고 자신의 길을 찾은 공자, 권정생, 빅터 프랭클(Viktor Frankl) 등의 사례를 공부했다. 내 안에 숨겨진 나의 길을 찾는 법에 관해서는 조지프 캠벨(Joseph Campbell), 헤르만 헤세(Herman Hesse) 등의 삶을 살펴보았다. 그리고 자신이 가장 행복했던 순간을 포착해 서술하는 진로 글쓰기를 통해 아이의 진로 방향을 생각해보는 시간을 가졌다.

나와 공동체를 위한 나의 일을 찾아라

저명한 정치철학자인 한나 아렌트(Hannah Arendt)와 사회학자 리처드 세넷(Richard Sennett)이 정의하는 일의 의미를 알아보고, 나와 공동체를 위해 내가 할 수 있는 일에 대해 생각하는 시간을 가진다. 한나 아렌트는 인간의 조건을 '노동(labor)', '작업(work)', '행위(action)'로 구분해 설명한다. 노동이 생계 수단으로써의 일이라면, 작업은 자신의 재능을 발휘하여 재미와 함께 명예를 누릴 수 있는 일이다. 행위는 공동체를 위한 봉사활동이나 사회에 참여하는 활동으로서의 일을 말한다. 이 진로 탐색 시간에는 내가 하는 일이 나와 공동체를 위한 일이 되기 위한 조건에 대해 생각해본다. 과거로부터 인간은 장인의식을 되새기며 삶의 의미는 물론, 자긍심을 느끼며 일과 어우러져 살았다. 리처드 세넷은 현대 문명이 잃어버린 장인의식을 되살려야 한다고 말한다. 우리 시대 장인의식을 돌아보고 일의 의미를 생각해봐야 한다고 강조한다. 이렇듯 나의 미래 직업이 나와 공동체에 어떤 영향을 미칠 것인가를 생각하고, 나의 미래 명함을 만드는 시간을 가진다.

내 꿈의 지도를 만들어라

나와 공동체를 위한 나의 미래 직업을 생각하는 시간을 갖는다. 폴란드 작가 유리 슐레비츠(Uri Shulevitz)의 그림책 《내가 만난 꿈의 지도(How I Learned Geography)》를 함께 읽고, 마인드맵을 그리는 작업을 한다. 이 책은 제2차 세계대전 중에 빵 대신 '세계지도'를 사다 준 아버지의 이야기가 그려진다. 작가의 자전적인 이야기로, 처음에는 그런 선택을 한 아버지를 원망했지만 매일 세계지도를 보면서 다시 꿈을 꾸게 된 작가의 어린 시절 일화가 아름다운 그림과 함께 펼쳐진다. 다가올 미래를 상상하면서 현재 내가 가진 자원을 어떻게 확장할 것인지 생각하고, 지금 내가 할 수 있는 일과 누구로부터 어떤 도움을 받을 것인지 마인드맵을 그린 후 '내 꿈의 지도'라는 이름을 붙인다.

웹툰이 좋아서 창작자를 꿈꾸는 초등학교 6학년 작은아이는 청소년기에 입시 공부를 하는 것보다 창작을 위한 준비를 하고 싶다고 판단해 특성화고등학교인 애니메이션고등학교나 예술고등학교의 애니메이션과 진학을 염두하고 있다. 이처럼 '내 꿈의 지도'를 구체화하는 과정에서 아이는 미래 직업에 이르기 위해 10대인 청소년 시절에 어떤 모습이어야 할지 미리 생각해볼 수 있다. 아이의 꿈 지도는 아이를 꿈을 향해 나아가도록 이끈다.

신영복 선생은 그의 저서 《강의》에서 "미래는 과거로부터 오는 것이며, 외부로부터 오는 것이 아니라 내부로부터 오는 것"이라고 했다. 가정에서 진로 독서 프로그램을 진행하면서 이 문장이 주는 가치를 깨달았다. 삶의 진리라고도 생각했다. 우리 부부는 아이가 열네 살 인생을 돌아보는 '나의 인생그래프'를 그려보고, 생애 최고의 순간을 떠올려 '10분간 글쓰기'를 해보도록 지도했다. 삶에서 아이가 언제 희열을 느꼈는지 과거를 돌아보는 활동과 '나의 소망 리스트', '나의 가치관 리스트', '나를 표현하는 한 문장'과 같이 자신의 내면을 탐색하는 활동을 거쳐 미래 진로를 생각해보도록 했다. '내 미래 명함'과 '내 꿈의 지도' 그리고 앞에 열거한 결과물들을 포함하여 자기만의 진로 탐색 포트폴리오를 만들어 수시로 업데이트한다면 향후 진로를 설정하는 데 도움이 될 것이다.

탈무드 격언에 "아이에게 일을 가르치지 않는 것은 도둑질을 하라고 가르치는 것과 같다."라는 말이 있다. 자녀에게 공부만 할 것을 다그치지 말고, 공부가 어떻게 일로 이어질 수 있는지 알려주어야 한다. 가정이 진로 교육의 장이 되어야 한다.

예전에는 아이들이 어리다고만 생각해서 돈이나 일에 관해 일체 함구해왔던 이야기들을 탈무드를 만나고 나서는 솔직하게 털어놓게 되었다. 아이들에게 구체적인 숫자를 들어가며 자세히 알려주는 것은 아니지만, 부부가 아이들 몰래 쉬쉬했던 이야기들을 드러낼 수 있게 된 것이다. 엄마 아빠가 무슨 일을 하는지 구체적으로 알려주고, 그 일을 함으로써 얼마나 버는지도 알려주었다. 엄마 아빠의 생업이 우리 집의 가정경제에 어떤 영향을 미치는지도 알려주었다.

무엇보다 공부와 일의 조화를 생각하라는 랍반 가말리엘의 가르침을 일상에 적용하여 부모는 일하는 사람, 자녀는 공부하는 사람으로 구분되어 있던 역할을 부모와 자녀가 모두 공부와 일을 함께 하는 사람으로 정체성을 새롭게 정의했다. 일상에서 일과 공부의 조화를 이루려는 노력은 부모와 아이 모두에게 긍정적으로 작용했다. 아이들은 공부해야 하는 이유가 공부가 일로 이어지기 위해서라는 동기가 생겼고, 우리 부부는 공부함으로써 다시 꿈을 꾸게 되었으니 큰 소득이 아닐 수 없다.

20.

함께 일하고 싶은 사람으로 키워라

협력과

약속에

대하여

사람의 성격에는 네 가지 유형이 있다.

첫 번째 "내 것은 내 것이고, 네 것은 네 것이다."라고 말하는 사람은 평균적인 유형으로, 어떤 사람은 이를 소돔(Sodom) 성격이라고 말한다.

두 번째 "내 것은 네 것이고, 네 것은 내 것이다."라고 말하는 사람은 무지하다.

세 번째 "내 것은 네 것이고, 네 것은 네 것이다."라고 말하는 사람은 경건하다.

네 번째 "내 것은 내 것이고, 네 것은 내 것이다."라고 말하는 사람은 사악하다.

–아보트 5:10

❖

앞에 제시한 탈무드 아보트의 구절은 사람의 네 가지 다른 성격 유형에 대해 전한다. 그중에서 두 번째 "내 것은 네 것이고, 네 것은 내 것이다."라고 말하는 사람은 분별이 없으므로 무지한 사람이다. 네 번째 "내 것은 내 것이고, 네 것은 내 것이다."라고 말하는 사람은 모든 것을 자기 것이라고 하는 탐욕스럽고 사악한 사람이다. 이 두 가지 성격에 대한 탈무드의 설명은 충분히 수긍이 간다. 절로 고개가 끄덕여진다. 그러나 첫 번째와 세 번째 성격 유형에는 물음표가 생긴다. 첫 번째 "내 것은 내 것이고, 네 것은 네 것이다."라고 말하는 사람은 상식적인 사람으로 통하는데, 왜 탈무드에서는 이런 성격 유형을 '소돔'에 비유했을까? 또 세 번째 "내 것은 네 것이고, 네 것은 네 것이다."라고 말하는 사람은 자기 것도 제대로 챙기지 못하면서 퍼주기만 하는 사람, 즉 요즘 말로 '호구'가 연상되는데, 왜 탈무드에서는 이런 사람을 경건한 사람이라고 했을까?

미래 사회의 핵심 역량은 협력이다

❖

소돔은 창세기에 나오는 팔레스티나(팔레스타인 지역) 사해 근방에 있던 도시 이름이다. 소돔 사람들은 부유했지만 가난한 이민자들을 환대하지 않았고, 약자를 겁탈하는 등 도덕적으로 타락한 도시였다. 그로 인해 하느님께서 유황과 불을 하늘에서 내려 소돔을 멸망시켰다(창세기 19:24)고 전한다. 이후 소돔은 후세 사람들에게 타락과 부패, 사악과 심판의 상징으로 경각심을 주는 곳으로 회자된다.

첫 번째 유형인 '내 것은 내 것, 네 것은 네 것'이라는 가치관은 당장 문제를 드러내지는 않는다. 하지만 사회 구성원 모두가 '내 것은 내 것, 네 것은 네 것'이라며 나와 남 사이에 명확하게 경계를 긋고 오직 자기 자신만을 챙긴다면, 결국 우리 사회는 소돔과 같은 사회가 될지도 모른다. 이처럼 탈무드는 근시안적 사고에서 벗어나 좀 더 장기적인 시선으로 세상을 바라보도록 도와준다.

교육학자들은 미래 사회의 핵심 역량은 '협력'이 될 것이라고 입을 모은다. 실제로 학생 서로 간의 협력을 통해 개개인의 학생을 '협력할 수 있는 사람'으로 성장시키는 것을 목적으로 초등학교와 중학교에 모둠활동 수업이 많아지는 추세다. 학생들이 함께해야 하는 모둠 과제, 조별 과제도 늘었다. 이런 과제를 수행할 때 모둠 구성원들 사이에 여러 문제가 발생하고 있다는 소식도 자주 들린다. 흔히 과제에 참여하지 않고 다른 조원에게 미루는 경우가 그것이다. 학생 혼자 모둠 과제를 떠맡아 힘들어하는 경우도 있다. 모둠 과제, 조별 과제를 함으로써 협력하는 방법을 배우는 본연의 목적은 사라지고, 학생들 사이에 불공정함을 경험하는 결과가 초래되고 있다.

우리 집 두 아이에게 물어보니, 초등학교와 중학교 모두 모둠활동 수업에 문제가 많다고 한다. 한 조에 두 명만 있어도 활동에 참여하는 사람과 참여하지 않는 사람으로 나뉜다고 한다. 교사는 팀워크를 강조하지만, 학생들은 개인 활동이 아니면 책임을 못 느끼는 경우가 많다. 개인 과제를 할 때는 열심히 하지만 모둠 과제, 조별 과제를 할 때는 모둠 구성원 중 가장 책임감 있는 사람에게 모든 과제를 떠맡기는 것이 현실이다. 이런 상황 때문에 심지어 '먹튀', '무임승차', '버스 타기' 등 신조어도 생겼다. '먹튀'는 조에 이름만 올려놓고 과제 수행에는 전혀 관여하지 않고 점수만 챙기는 조원을 일컫는다. '무임승차'는 조별 과제에서 아무것도 하지 않는 행위를 말하며, '무임승차'를 하는 조원에게 "야, 버스 타지 마라!"고 하기도 한단다.

두 아이의 하소연을 듣고 나니, 비로소 앞의 네 가지 성격 유형 중 첫 번째 유형과 세 번째 유형에 대한 탈무드의 설명을 이해할 수 있었다. 학교에서 조별 과제를 할 때, 모둠 구성원들이 모두 '내 것은 내 것, 네 것은 네 것'이라는 태도로 과제를 수행한다면, 그 과제는 실패할 가능성이 높다. 모든 일이 그러하듯 '두부'처럼 딱 맞게 잘라서 나눌 수 있는 일이란 없기 때문이다. 일과 일 사이에는 경계가 모호하고, 일의 중요도도 상대적일 수 있기에 딱 맞게 나누어서 내가 맡은 일만 열심히 하기란 애초에 불가능하다. 그렇기에 모둠 구성원 모두 '내 것은 네 것, 네 것은 네 것'이라는 태도를 가져야 한다. 내 것과 네 것의 구분을 넘어 자신이 가진 능력과 역량을 아낌없이 나눈다면, 그 모둠의 과제는 성공할 가능성이 높아질 것이다.

요약하자면 함께 일하고 싶은 사람이란 '내 것이 네 것, 네 것이 네 것'이라는 태도로 협력하는 사람이다. 자녀를 '함께 일하고 싶은 사람'으로 성장시키는 것은 고용이 불안정한 미래 사회에 반드시 필요한 경제 교육의 덕목이다. 누구나 함께 일하고 싶어 하는 사람이라면, 그 사람은 언제 어디서 무슨 일을 하던 계속 일할 수 있을 것이다. 완전 고용이라는 이상이 현실이 될 수 있다.

탈무드가 말하는 비즈니스 성공의 비밀

❖

삶에서 인간관계는 매우 중요하다. 일도 결국 인간관계를 중심으로 돌아간다. 직장에 소속되지 않는 프리랜서라 하더라도 혼자서 모든 일을 할 수는 없다. 자녀를 함께 일하고 싶은 사람으로 성장시켜야 하는 이유다. 자녀가 어릴 때부터 인간관계에서 꼭 지켜야 할 사항을 알려주고 실천하도록 이끌어야 한다. 이런 의미에서 사람 사이에 반드시 지켜야 할 사항을 크게 두 가지 꼽는다면 다음과 같다.

1. 약속을 꼭 지켜라.

2. 거짓말을 하지 말라.

유대인은 계약을 목숨처럼 여기는 민족이다. 고향을 떠나 남의 나라에서 살아가면서 신뢰를 얻기 위해 약속을 지키는 일은 무엇보다 중요했다. 약속을 어기는 것은 신뢰가 무너지는 일로 연결되기 때문이다. 약속한 것은 반드시 지켜야 한다. 계약을 중시하기 때문에 일단 계약관계가 성립되면 무슨 일이 있어도 이를 지킨다. 탈무드 격언에 "아이에게 무엇인가 약속하면, 반드시 지켜라. 지키지 않으면 당신은 아이에게 거짓말하는 것을 가르치는 것이 된다."는 말이 있다. 인간관계에서 약속을 지킨다는 것은 거짓말을 하지 않는 것과도 통한다.

랍비들은 '자로 재거나 저울을 달 때 속여서는 안 된다', '정확한 저울과 용기를 올바르게 사용하라'고 가르쳤다. 《유대인들이 절대 가르쳐주지 않는 비즈니스 성공의 비밀 탈무드(Values, Prosperity, and the Talmud)》에서 저자 래리 캐해너(Larry Kahaner)는 유대인들이 "농업경제에서 무게와 부피를 정확히 측정하는 것이야말로 일상적인 비즈니스 거래에서 반드시 지켜야 할 기본이었다. 또 어떤 상인이 정직하게 상거래에 임하고 있는지 따지는 기준도 거래 물품의 분량과 무게를 얼마나 정확히 지키느냐 여부였다."고 설명한다. 이처럼 일을 하면서 사람 사이에 약속과 계약을 잘 지키고 정직하게 거래하는 것은 매우 중요하다.

탈무드에 등장하는 존경받는 지도자들은 도덕적이고 겸손했으며 다른 사람을 존중했다. '내 것은 네 것, 네 것은 네 것'이라는 자기 원칙을 일상에서 실천했다. 자녀를 함께 일하고 싶은 사람으로 성장시키려면, 먼저 자녀가 자신과의 약속을 지키는 것부터 실천할 수 있도록 지도하자. 자신과의 약속을 지키는 자기 신뢰를 바탕으로 타인과의 약속을 잘 지키는 사람으로 거듭나도록 도와주자. 당장 조별 과제에 적극 참여하도록 독려하는 것으로 그 시작의 길을 열어주자.

21.

자기만의 시간을 만들어라

시간에

대하여

벤 아자이*가 말했다.

"아무도 멸시하지 말고, 아무것도 차별하지 말라. 자신의 시간이 없는 사람이 없고, 자신의 자리가 없는 사람도 없다."

–아보트 4:3

* 이 글에서 벤 아자이(Ben Azzai)는 '시므온 벤 아자이(Simeon ben Azzai)'를 일컫는다. 벤 아자이는 서기 2세기에 활동한 유명한 탄나임 중 한 명이다. 랍비 아키바가 그의 스승이다.

❖

앞에 제시한 탈무드 아보트의 구절은 벤 아자이의 말을 빌려, 세상의 모든 것이 신의 형상대로 창조되었으므로, 누군가를 멸시하고 무엇인가를 차별하는 것은 결국 신을 멸시하고 차별하는 것과 같다는 가르침을 전한다. 누구나 자체로 존중받아야 하고, 지금 당장 가치 없고 쓸모없다 하더라도 때가 되면 그 사람의 가치가 빛날 것이라고 말한다. 필요 없는 사람 또는 필요 없는 물건이더라도 다른 자리에서 잘 사용될 수 있다고 이야기한다.

"자신의 시간이 없는 사람이 없다."라는 벤 아자이의 말은 탈무드 격언인 "모든 사람에게 반드시 자신의 시간이 있다."와 그 의미가 통한다. 누구에게나 하루는 24시간이니 실로 공평하다. 시간은 붙잡아둘 수도 모아놓을 수도 없다. 지금 이 순간이 지나면 그냥 사라져 버린다. 나에게 주어진 시간을 어떻게 사용하느냐에 따라 그 시간의 가치는 달라진다.

탈무드는 시간에 관한 글에서 "오늘이 내 인생 최초의 날이라 생각하며 살고, 또한 오늘이 내 인생 최후의 날이라 생각하면서 살아라."라고 전한다.

우리 아이들 얼마나, 어떻게 놀고 있을까?

❖

통계청과 여성가족부는 '2019 청소년 통계'에서 2018년 초·중·고등학생의 평일 여가활동을 조사하여 발표했다(2019년). 그 결과, 하루 1~2시간을 여가활동으로 보내는 학생들이 27.4%로 가장 많은 것으로 나타났다. 이어 2~3시간(21.5%), 1시간 미만(16.8%), 3~4시간(15.4%) 순이었다. 그리고 이 수치를 분석한 결과, 여가가 2시간 미만인 학생이 44.2%에 달한 것으로 나타났다. 여가가 1시간 미만인 학생의 비율은 고등학생이 23.3%로 가장 높았으며, 초등학생은 14.3%, 중학생은 11.2%였다.

또한 2018년에 10대 청소년은 일주일에 평균 17시간 48분 동안 인터넷을 사용한 것으로 조사되었다. 하루 평균 2시간 32분에 이르는 시간이다. 청소년들의 인터넷 사용 목적을 조사(복수응답 가능)한 결과, 여가활동(99.5%)이라고 답한 학생들이 가장 많았다. 이어 메신저·SNS(사회관계망 서비스)·이메일 등의 소통(98.2%), 자료 및 정보 획득(95.6%), 교육·학습(83.8%), 홈페이지 등 운영(70.1%) 순으로 나타났다. 참고로, 메신저는 카카오톡을, SNS는 페이스북을 가장 많이 사용하고 있는 것으로 조사되었다.

이 조사를 종합적으로 살펴보면, 하루 여가 시간이 2시간도 채 되지 않는 학생이 전체의 44%에 달하는데, 하루 평균 인터넷 사용 시간은 무려 2시간 32분이나 된다는 것을 알 수 있다. 얼마 되지 않는 여가 시간을 인터넷을 하는 데 다 쓰는 셈이다. 우리나라의 청소년들은 나를 만들어가는 귀중한 시간을 모조리 학교와 학원이라는 외부에 맡긴 채, 여가 시간마저도 수동적으로 보내고 있는 듯해 안타까운 마음이 앞선다.

과거에 나는 워커홀릭 성향이 강했다. 일할 때면 온통 하는 일에만 매달렸으며, 아이를 돌볼 때면 자는 아이들에게 매일 책을 읽어줄 정도로 모든 일에 살뜰히 챙기려고 노력했다. 지금 돌아보면, 매순간 나는 무엇인가를 열심히 함으로써 나의 '쓸모'를 증명해 보이려 했던 것 같다. 하지만 탈무드 속 좋은 문장을 읽는 시간을 가지면서, 이른바 '쓸모 증명 노동'에서 벗어나게 되었다. 벤 아자이의 말대로 자신을 그 자체로 존중하게 된 것이다. 역설적이게도, 시간을 아끼지 않으니 삶이 더욱 충만하게 느껴진다. 이제는 열심히 노력하는 것 이상으로 중요한 것이 자기만의 시간을 갖는 것이라 생각한다.

청소년기를 지나는 아이들이 시간에 쫓기지 않았으면 좋겠다. 존재 자체로 소중한 아이들이 타인의 시선에 자신을 맞추고, 타인의 정보를 좇느라 헤매지 않았으면 좋겠다. 아이들이 아무것도 하지 않아도 존중받으며, 자신에게 집중할 수 있는 시간이 허용되는 문화가 절실하다.

시간은 내가 가진 최고의 자산이다

✣

삶이란 '나'라는 작품을 완성하는 과정이다. 삶을 건물을 짓는 일에 비유하면, '빨리빨리' 짓는 부실 공사가 되어서는 안 되고, 장기적인 안목으로 '천천히' 공들여 백 년을 내다보는 튼튼한 건축물을 지어야 한다. 부실 공사로 지은 건물은 얼마 지나지 않아 문제를 드러낸다. 보수하는 데 시간이 더 걸린다. 수천 년 지혜의 보고인 탈무드를 읽으면서 나의 시간을 들여 숙성의 과정을 거치는 것이 중요하다는 것을 깨달았다. 처음 건물을 짓기 시작할 때부터 시간을 들여 혹여 나타날 수 있는 결점들을 생각하여 공들여 짓는 것이 결국 가장 경제적인 삶의 방향성임을 알게 되었다. 이처럼 탈무드를 기초로 시간의 중요성에 관해 자녀에게 지도할 수 있는 방법을 다음과 같이 정리해보았다.

자기만의 시간을 가져라

여러 조사에서 알 수 있듯이, 우리나라의 청소년은 여가 시간이 부족하다. 쉴 수 있는 자기만의 시간을 양적으로 늘려야 한다. 만약 그것이 여의치 않다면 하루 평균 두 시간의 여가 시간을 인터넷을 하는 것에만 할애하지 말고, 자신이 좋아하는 일을 하는 데에도 사용해야 한다. 그렇기에 자신이 무엇을 좋아하고 싫어하는지부터 탐색하는 시간을 가져야 한다. '최고의 스승은 시간'이라는 탈무드의 격언을 되새기며 자신이 좋아하는 일을 찾는 데 시간을 들여야 한다. 좋아하는 일을 찾았다면, 매일 한두 시간씩 그 일을 하는 데 시간을 투자하자. 자신이 좋아하고 하고 싶은 일을 하면서 사는 삶으로 가꾸어 나가야 한다.

의미 있는 시간을 만들어라

고대 그리스어는 시간 개념을 두 가지로 나눈다. 크로노스(kronos)와 카이로스(kairos) 개념이 그것이다. 크로노스 개념은 인간 역사 속에 흐르는 연대기적 시간, 즉 해가 뜨고 지는 흐름에 따라 결정되는 시간을 말한다. 카이로스 개념은 기회와 때가 있다는 뜻이다. 예를 들어 모세가 신을 만난 시간을 카이로스적 시간이라 할 수 있다. 유대인들이 기도하는 시간을 따로 마련하는 이유는 일상에서 카이로스적 시간을 만들기 위함이다. 크로노스의 시간을 살아가지만 카이로스의 의미 있는 시간을 가지며 살아야 한다는 뜻이다. 이처럼 일상에서 자기만의 카이로스적 시간을 포착해보자.

나의 때를 위해 시간을 잘 쌓아라

시간(時間)의 한자어를 보면, '때 시(時)'에 '사이 간(間)' 자를 쓴다. 즉, 시간이란 어떤 때(時)에서 어떤 때(時)까지의 사이를 말한다. 우리나라 말에 '때를 만났다'는 것은 '좋은 기회가 열렸다' 또는 '나의 시대가 왔다'는 의미로도 쓰인다. 벤 아자이가 강조한 "자신의 시간이 없는 사람이 없다."라는 말을 '자신의 때가 없는 사람이 없다' 라고 바꾸어 읽으면, 모든 사람에게 그 사람만의 시대가 열릴 것이라는 희망적인 메시지로 읽힌다. 지금 당장은 나의 '때'가 아니더라도, 나에게 주어진 시간을 잘 보내다 보면 그 '때'는 올 것이다. 모든 사람은 자신의 시간이 있다. 나의 시간도 있으니 주어진 시간을 갈고닦으며 기다리자.

자기 시간의 주인이 되어라

하루에 단 하나만 먹을 수 있는 사과를 예쁜 사과부터 먹든, 여러 가지 방법으로 손질해서 먹든, 맛있어 보이는 사과부터 먹든, 자신의 사과를 가지고 무엇을 하느냐의 문제는 전적으로 스스로 결정해야 할 문제다. 중요한 것은 사과를 먹는 그 순간엔 사과에 흠뻑 젖어야 한다는 것이다. 동글동글하고 빨간 그 모양에, 새콤달콤한 그 향기에, 아삭아삭한 식감에 빠져 '사과'를 맛봐야 한다.

사과 상자가 태어남과 동시에 주어지는 삶이고 사과가 시간이라면, "오늘 가장 맛있어 보이는 사과를 먹으라."는 남편의 제안은 일리가 있다. 그 말은 또한 '지금 이 순간 가장 맛있게 사과를 먹으라'는 말과도 일맥상통한다. 오늘 나에게 주어진 시간은 어제는 존재하지 않았고, 내일이면 사라질, 지금 이 순간만 존재하는 꽃과 같은 존재다. 이 순간이 지나면 사라지므로 잼이나 술로 가공해서 오래 두고 묵혀서 먹고 싶을 때 꺼내 먹을 수 없다. 내가 고른 사과를 가장 맛있게 먹는다는 것은 지금 이 순간 사과 속으로 푹 들어가는 것이다. 지나간 과거에 매이지도 오지 않은 미래에 현재를 저당 잡히지도 않고, 그 순간에 충실해야 한다.

이 글은 2016년에 출간한 우리 부부의 공저 《가족에게 권하는 인문학》에 나오는 대목이다. 항상 미래를 위해 현재를 포기하기 일쑤였던 나에게 남편이 해주었던 이야기다. 시간을 사과 상자에 비유하여 매일 가장 맛있는 사과를 먹겠다고, 사과를 먹는 순간엔 그 사과 속으로 푹 들어가겠다고 결심을 했었다. 이제 탈무드를 읽으면서 삶을 바라보는 시선이 그 당시보다 더욱 장기적으로 바뀌고 있음을 느낀다. 현재를 충만하게 산다는 것과 미래를 준비한다는 것은 결코 대립되는 개념이 아니라는 것을 이제는 안다. 하루하루 나의 시간이 이어져 미래가 되는 것이다.

요즘 같은 백세 시대에는 30년 동안 공부하고, 30년 동안 일해도 40년이 남는다. 김용택 시인은 정은숙 인터뷰집 《스무 해의 폴짝》에서 "오래 산다는 생각을 해야 한다. 생의 너머의 시간을 어떻게 살 것인가에 대해 생각해야 한다."고 말했다. 오래도록 일하기 위해 먼저 자신이 진정으로 좋아하는 일을 찾아야 한다고 말했다. 그는 좋아하는 일을 꾸준히 갈고닦으면 죽을 때까지 하고 싶은 일을 할 수 있을 것이라고 덧붙였다.

자본주의 체제에서 시간은 경제와 직결된다. 나의 시간을 들여

일을 하고, 그 대가로 임금을 받는다. 임금을 시간의 단위에 따라 시급, 주급, 월급이라 부르는 이유다. 하지만 시간을 아낀다고 시간이 자가 증식하지는 않는다. 그러므로 시간은 반(反)자본적이다. 이러한 시간의 모순 때문에 현재를 살아가는 우리는 흘러가는 시간 앞에서 무력해지기도 한다. 시간은 누구에게나 공평하게 주어지지만 삶의 단계에 따라 시간의 속성이 달라지고, 어떻게 사용하느냐에 따라 시간의 가치가 달라진다. 그렇기에 시간을 잘 사용하도록 알려주는 것이야말로 최고의 경제 교육이다. 자녀에게 시간을 잘 쓰는 법을 알려주자. 현재의 순간이 모여 미래가 된다는 진실을, 현재를 잘 보내야 미래가 열린다는 진실을 알려주자. 이렇듯 시간의 소중함을 기억한다면 우리의 자녀들은 자신의 길을 잘 찾아갈 것이다.

22.

자선은 세상을 구하는 가장 위대한 지혜다

자선에

대하여

랍비들에 따르면, 진정으로 선한 사람은 하쉬몬(Hashmonites)의 후손인 문마즈(Munmaz) 왕이라고 한다. 그는 기근이 일어난 동안 가난한 사람들에게 아버지로부터 물려받은 재산을 나누어주었다.

친척들은 그의 관대함을 비난하며 질책했다. "네 아버지가 모아놓은 재산을 버리는구나."

문마즈가 말했다. "아버지는 여기 땅에 재산을 쌓았지만, 저는 하늘에 재산을 모으고 있습니다. '진리는 땅에서 나오지만, 자비는 하늘에서 내려옵니다.' 아버지는 손이 뻗을 수 있는 곳에 진리를 두셨지만, 저는 인간의 손이 닿지 않는 곳에 자비를 두고 있습니다. '왕관은 정의와 선의로 세워져 있습니다.' 아버지는 열매를 맺지 않았지만, 저는 열매를 많이 맺고 있습니다. '의로운 자들에게 노동의 열매를 먹어도 좋다고 말하십시오.' 아버지는 돈을 모으셨고, 저는 생명을 구했습니다. '의로운 자들의 열매는 생명의 나무입니다. 생명을 구하는 사람은 지혜로운 사람입니다.' 아버지는 다른 사람들을 구하셨고, 저는 저를 구했습니다. '당신의 선행이 당신 앞에 갈 것입니다. 주의 영광이 당신을 이끌 것입니다.'"

−H. 폴라노, 《탈무드》, 295쪽 중에서 발췌

❖

자선(charity)이란 뜻의 히브리어 '쯔다카(tzedakah)'의 어원은 '쩨덱(tzedek)'이다. 쩨덱은 '의, 정의, 공의'를 뜻한다. 즉 유대인에게 쯔다카(자선)는 공의의 차원에서 다루어져야 하는 의무 사항이다. 탈무드의 기록에 따르면, 라브 아시(Ashi)는 "매년 적어도 3분의 1세켈을 자선하는 데 쓰지 않으면 안 된다."고 하며 자선의 정확한 금액을 지정하기도 했다.

자선을 중요시하는 유대인들의 전통은 탈무드 곳곳에 잘 나타나 있다. 앞에 제시한 탈무드의 글은 랍비들이 진정으로 선한 사람으로 꼽는 문마즈 왕의 이야기를 전한다. 문마즈는 아버지로부터 물려받은 재산을 가난한 사람들에게 베푸는 데 썼다. 문마즈의 말에 따르면, 자선이란 하늘에 재산을 모으는 행위이자, 생명의 나무에 열매를 맺는 일이며, 자신을 구하는 일이기도 하다.

자선은 세상을 구하고 나를 구하는 일

❖

2017년 통계청이 발표한 사회조사에 따르면, 우리나라의 기부 참여율은 꾸준히 낮아지는 추세다. 2011년에 36.4%이던 비율은 2015년에는 29.9%까지 낮아졌고, 2017년에는 26.7%까지 더 떨어졌다. 2016년 영국 자선지원재단(CAF)이 140개국을 대상으로 조사한 '세계 기부지수' 순위에서 우리나라는 중하위권인 75위를 기록했다. CAF 세계 기부지수란, 개인이 지난 1개월 동안 낯선 사람을 도와준 지수, 기부 경험 지수, 자원봉사 지수 등을 종합적으로 집계해 각국의 전체 등급을 산출한 수치다.

2019년 통계청이 발표한 사회조사에 따르면, 우리나라 사람들이 기부하지 않는 첫 번째 이유는 '경제적 여유가 없어서'(51.9%)이고, 두 번째는 '기부에 관심이 없어서'(25.2%), 세 번째 이유는 '기부단체 등을 신뢰할 수 없어서'(14.9%)로 나타났다. 시민의 3분의 2가량이 1년 동안 단 한 번도 기부하지 않고 있다는 말이다.

탈무드에 따르면, 라브 아시는 "자선은 모든 것보다 더 위대하다."라고 했고, 랍비 엘리아자르(Eliazar)는 "자선은 희생 이상이다."라고 했다. 유대인 사회에서는 문마즈 왕처럼 자선을 베푼 사람을 선한 사람으로 인정한다. 심지어 자선을 베풀지 않는 것을 죄를 짓는 것과 동일시하여 자선을 독려한다.

탈무드에 수록된 자선과 관련된 인상 깊은 이야기를 하나 더 소개하면 다음과 같다.

철은 돌을 깨뜨리고, 불은 철을 녹이고, 물은 불을 끄고, 구름은 물을 흡수하고, 폭풍은 구름을 없애며, 사람은 폭풍우를 이겨내고, 두려움은 사람을 정복하고, 와인은 두려움을 정복하고, 잠은 와인을 회복하고, 죽음은 이것들 전부보다 강하지만, 자선은 죽음에서 사람을 구한다.

—바바 바트라 10a

탈무드의 이야기처럼 자선은 철과 돌, 물과 불을 넘어 죽음을 구하는 절대적 가치다. 이러한 가르침으로 유대인 사회는 자선과 기부가 일상에 자리 잡았다. 유대인 사회에는 구제할 의무와 동시에 구제받을 권리가 있다. 어려운 이웃을 돕는 것이 당연한 일인 것처럼 내가 어려울 때 구제를 받는 것도 당연한 일이다. 자선하는 문화는 공동체 단위로 사회안전망을 구축하여 유대인 사회를 안심하고 살 수 있는 사회로 만들었다. 가난하고 실패해도 구제받고 다시 일어날 수 있는 것이다.

우리 사회에서 자선과 기부를 기피하는 이유는 내가 어려울 때 도움을 받을 수 없다고 생각하기 때문이 아닐까. 각자도생 사회에서 늘 성공할 수는 없기에 실패할 때를 대비하여 나의 곳간부터 채워두어야 한다는 강박이 분명 나에게도 있다. 이렇듯 나만 잘살면 그만이라는 생각의 기저에는 사회안전망의 부재가 있다.

탈무드를 읽으면서 우리 사회에도 자선하는 문화가 만들어지면 좋겠다고 생각했다. 경제를 공부하는 이유가 비단 나만 잘 먹고 잘 살기 위해서만은 아닐 것이다. 부모와 자녀가 자선을 실천하며 그 기쁨을 함께 경험해보자. 자선을 베풀면 자선하는 기쁨이 얼마나 큰지 알게 된다. 문마즈 왕의 말대로 자선은 나를 구하는 일이기도 하다. 다음의 자선과 관련된 탈무드 속 지혜를 읽고, 나눔의 가치를 실천해보자.

받는 사람이 모르게 자선하라

탈무드에 따르면, 랍비 차나 벤 차닐라(Chana ben Chanila)는 "가난한 사람이 돈을 받을 때, 수치심을 느끼지 않도록 주머니에 돈을 넣어두었다."(베라코트 58b)라고 했다. 랍비 야나이(Yanai)는 "가난한 사람에게 공개적으로 주는 것보다 아무것도 주지 않는 것이 낫다. 그를 난처하게 만들기 때문이다."(하기가 5a)라고 했다.

유대인 사회는 회당을 중심으로 구제가 이루어진다. 각 가정에서 구제 물품을 회당에 가져다 놓으면, 구제가 필요한 사람이 그 물품 중에 필요한 물품을 가져가는 것이 구제의 한 가지 방식이다. 누가 가져다 놓은 것인지도 모르고, 누가 가져간 것인지도 모르게 자선이 이루어지는 것이다. 이제 막 자선을 시작한 자선 초보자로서 자선하는 것에도 큰 용기가 필요함을 느꼈다. 자선하는 것도 어려운데 자선을 받는 것은 얼마나 어려울까 생각했다. 누가 자선했으며 누가 자선을 받았는지 모르게 행하는 유대인 공동체의 자선 방식이 참 지혜로워 보였다.

친절은 자선보다 중요한 가치다

탈무드 수카*에서 랍비들은 친절이 다음 세 가지 면에서 자선보다 더 중요하다고 말했다. "첫째, 자선은 금전적인 것으로만 할 수 있지만, 친절은 금전적인 나눔을 넘어 사랑을 나누는 행위와 개인적인 참여를 통해서도 이루어질 수 있다. 둘째, 자선은 가난한 자에게만 할 수 있지만, 친절은 가난한 자와 부유한 자 모두에게 베풀 수 있다. 셋째, 자선은 살아 있는 자에게만 할 수 있지만, 친절은 산 자와 죽은 자 모두에게 할 수 있다."(수카 49b)

자선을 위한 우리 아이 나눔 수업

❖

유대인들은 자녀가 어렸을 때부터 자선에 관한 교육을 하는 것으로 잘 알려져 있다. 유대인의 가정에는 '푸슈케(pushke)'라는 저금통이 있어서 아장아장 걸음마를 시작한 어린 자녀에게 푸슈케에 동전을 넣는 습관을 들인다고 한다. 푸슈케가 다 차면, 부모와 자녀는 그 돈을 어디에 쓰면 좋을지 회의하고, 도움이 필요한 사람들을 어떻게 돕는 것이 가장 좋을지 의논한다.

* 수카(Sukkah)는 탈무드의 두 번째 순서인 모에드의 여섯 번째 소논문이다.

유대인 가정의 자선에 관한 교육을 참고로, 우리 집 아이들도 기준을 정해 다음과 같이 용돈의 일부를 자선하는 데 사용하기로 했다. 각 가정에서도 저마다의 좋은 생각으로 나눔을 실천할 수 있기를 소망한다.

용돈의 10퍼센트를 자선하는 데 사용한다

우리 집 아이들은 한 달 용돈을 용도에 맞게 '지출(50%), 저축(30%), 투자(20%)'로 나누어서 사용해왔다(214쪽 '다섯 개의 항아리 시스템' 참조). 여기에 자선 항아리를 추가했다. 비상시를 위해 저축했던 용돈의 30%를 20%로 줄이고, 그 차액을 자선 항아리에 담기로 한 것이다. 즉, 매달 용돈의 10%를 자선 항아리에 담는다. 항아리가 가득 차면 자선단체에 기부할 계획이다.

재능으로 자선한다

소득이 없는 자녀가 용돈의 일부 이상을 자선하는 데 사용하기는 어려운 일이다. 금전적인 구제도 중요하지만, 내가 가진 재능으로도 자선을 실천할 수 있다는 것을 알려주자. 경제적인 도움뿐만 아니라 자신이 가진 능력과 재능으로 선행하는 '재능 기부'의 기회를 열어주자. 큰아이의 경우 중학교 1학년에서 2학년까지 2년 동안 지역 도서관에서 초등학생들에게 영어로 동화를 읽어주고 역사 수업을 진행했다. 이러한 경험은 아이에게 돈으로 기부하는 것과는 또 다른 보람과 충만한 기쁨을 선사한다.

일상에서 친절을 실천한다

탈무드는 친절이 자선보다 더 훌륭한 가치라고 가르친다. 요즘 코로나19로 인해 비대면 택배의 도움이 절실한 시기에 택배 기사님을 위해 시원한 생수 한 병과 마스크 한 장을 문고리에 걸어놓는 것으로 친절을 실천해보자. 또 아파트 경비원 아저씨의 수고를 덜기 위해 분리수거를 잘하는 것도 친절을 실천하는 좋은 방법 중 하나다. 학교에서 친구가 어려워하는 과목을 도와주고, 친구의 고민을 잘 들어주는 것도 일상에서 친절을 실천하는 방법이다. 상상력을 발휘한다면 일상을 친절한 행동으로 채울 수 있을 것이다.

참고문헌

참고 도서

H. Polano, 《The Talmud》, The Book Tree, 2003

Norman Solomon, 《The Talmud: A Selection》, Penguin Classics, 2009

한국종교문화연구소, 《세계 종교사 입문》, 청년사, 2003

카렌 암스트롱(Karen Armstrong), 정영목 옮김, 《축의 시대》, 교양인, 2010

요람 하조니(Yoram Hazony), 김구원 옮김, 《구약 성서로 철학하기(The Philosophy of Hebrew Scripture)》, 홍성사, 2016

국제가톨릭성서공회 편찬, 《해설판 공동번역 성서》, 일과놀이, 1996

마이클 카츠(Michael Katz), 거숀 슈워츠(Gershon Schwartz), 주원규 옮김, 《원전에 가장 가까운 탈무드(Swimming in the Sea of Talmud)》, 바다출판사, 2018

박미영, 《유대인의 자녀교육 38》, 국민출판사, 2011

우치타 타츠루(內田樹), 이수정 옮김, 《레비나스와 사랑의 현상학(レヴィナスと愛の現象學)》, 갈라파고스, 2013

주원준, 박태식, 박현도, 《신학의 식탁》, 들녘, 2019

참고 사이트

A Living Library of Jewish Texts, https://www.sefaria.org

Jewish Encyclopedia, http://jewishencyclopedia.com

My Jewish Learning, https://www.myjewishlearning.com

The Jerusalem Post, https://www.jpost.com

그 외 참고 자료

1장

Rachel Gurevitz, "The Key to Success is Failure", https://www.myjewishlearning.com/rabbis-without-borders/the-key-to-success-is-failure, 2014.10.1

Olukunle A. Iyanda, "Organisational Grit: Succeeding with Adversity Quotient", https://brootc.com/our-blog/leadership/what-is-your-adversity-quotient-olukunle-iyanda

"국내 아동, 가족과 함께 보내는 시간 하루 평균 '13분'", 한국NGO신문, 2018.4.30

한국종교문화연구소, 《세계 종교사 입문》, 청년사, 2003, 428~450쪽, 487~490쪽 참조

"가족과 말 안 하는 초등생: 52.5%가 대화 시간 30분 이하", 연합신문, 2014.5.4

이재정 교육감, "대한민국 성과주의 교육은 독이고 마약", 아시아경제, 2016.7.28

"내 편 아니면 네 편, 편 가르는 'I세대'", 서울경제, 2019.11.29

2장

Rabbi Michael Strassfeld, "What Is A Mensch?", https://www.myjewishlearning.com/article/mentsch

Judith Greenberg, "Humility Beha'alotekha", http://www.jtsa.edu/humility, 2015.6.5

Ronald Inglehart, Christian Welzel, Inglehart–Welzel Cultural Map, http://www.worldvaluessurvey.org/WVSContents.jsp

교육부·한국교육개발원, 〈2018 교육통계연보〉, 2018

변순복, "가진 자의 겸손, 변순복 교수의 유대인의 자녀 교육", 아이굿뉴스, 2018.6.26

박재찬, "황금률(The Golden Rule)", 국민일보, 2015.2.9

카렌 암스트롱(Karen Armstrong), 정영목 옮김, 《축의 시대》, 교양인, 2010, 356쪽 참조

"인천공항 비정규직 논란, 묵살된 고교생의 소수 의견", 오마이뉴스, 2020.6.29

"소득 불평등 심한 국가에 학교 폭력도 많다", 연합뉴스, 2013.7.4

손원영 목사(연세대학교회), "환대의 영성", 2017.4.30

"이백충·월거지, 초등학교 교실에 퍼진 '혐오'", 머니투데이, 2019.11.17
"틀린 게 아니라 다를 뿐인데 '왕따', 다문화 아이들에겐 '잔혹한 학교'", 경기일보, 2018.11.20
"인성은 타고나는 게 아니라 갈고닦아야 하는 능력", 한겨레신문, 2016.2.22
오창익, 홍선주 그림, 《사람답게 산다는 것》, 너머학교, 2014, 74쪽 참조
표창원, 오인영 외 3명, 《다수를 위한 소수의 희생은 정당한가?》, 철수와영희, 2016, 46쪽 참조

3장
"Symposium: The Origins of Jewish Creativity", https://momentmag.com/symposium-the-origins-of-jewish-creativity, 2011.11~12
박동호, "함께하는 교육, 박샘의 융합독서 '지식의 그물' 만들어주는 완성 독서법", 한겨레신문, 2018.10.9
〈고래가 그랬어〉 60호(창간 5주년 호), 편집부, 고래가그랬어, 2008.11
"대학만 가면 된다면서요, 꿈 없는 학생들", 연합뉴스, 2016.11.21
통계청, '2019년 생활시간 조사'
"조기교육도 좋지만… 너무 이른 사교육", 연합뉴스, 2017.1.9
"유아 조기교육, 학습·사회정서 능력 떨어뜨려", 경향신문, 2013.11.19
고재학, "아이들 교육은 국가 책임이다", 한국일보, 2018.12.10
대학교육연구소, 〈대교연 통계〉, 2017-18 15호(통권 78호), 2018.9.17
"4년제 대학 연간 등록금 평균 644만 원, 가장 비싼 대학은…", 중앙일보, 2019.10.24
"자녀 1인당 양육비 최소 2억 원", 〈머니 플러스〉 3월호(2020), 편집부 편, 에프앤주식회사, 2020, https://1boon.kakao.com/moneyplus/5ec4877b4ac8135d605383cb
"독서의 계절, 누가 많이 읽고 누가 안 읽나", 경향신문, 2016.10.30
문화체육관광부, '2019년 국민독서 실태조사'
"획일화 교육이 주범, 개인 존중하는 시스템 만들어야", 문화일보, 2018.2.27
이영란, "엄마가 쓰는 해외 교육 리포트(22), 이스라엘", 중앙일보, 2014.10.7
우치타 타츠루(內田樹), 이수정 옮김, 《레비나스와 사랑의 현상학(レヴィナスと愛の現象學)》, 갈라파고스, 2013, 31쪽 참조

4장
"Do You Want To Be Rich? Think Like A Jew", http://smartmoneytoday.com/money/grow-your-money/personal-development/do-you-want-to-be-rich-think-like-a-jewish
"What is a bar mitzvah?", https://theconversation.com/what-is-a-bar-mitzvah-129745
"잃어버린 세대, 취업 무경험 실업자 8만 9,000명", 중앙일보, 2018.6.15
"[2019 청소년] 학생 44% 하루 여가 2시간 미만, 73% 사교육 받아", 연합뉴스, 2019.5.1
박미영, 《유대인의 자녀교육 38》, 국민출판사, 2011, 188쪽 참조
"소돔(Sodom)", 가스펠서브 기획·편집, 《라이프 성경사전》, 생명의말씀사, 2006, https://terms.naver.com/entry.nhn?docId=2393762&cid=50762&categoryId=51387

탈무드 교육의 힘

2021년 4월 1일 초판 1쇄

지은이·김정은, 유형선
펴낸이·박영미
펴낸곳·포르체

편　집·원지연
마케팅·문서희

출판신고·2020년 7월 20일 제2020-000103호
팩스·02-6008-0126 | 이메일·porchebook@gmail.com

ISBN 979-11-91393-06-4 (13590)